韦秀英 石德旺 ⊙ 著

慢过弯就是幸福

——幸福女人要懂得的心理学

天津科学技术出版社

图书在版编目(CIP)数据

转过弯就是幸福:幸福女人要懂得的心理学/韦秀英,石德旺著.—天津:天津科学技术出版社,2009.8
ISBN 978-7-5308-2243-2

Ⅰ.转… Ⅱ.①韦…②石… Ⅲ.女性-心理学-通俗读物 Ⅳ.B844.5-49

中国版本图书馆 CIP 数据核字(2009)第 152344 号

责任编辑:范朝辉 吴 頔
责任印制:王 莹

天津科学技术出版社出版
出版人:胡振泰
天津市西康路 35 号 邮编 300051
电话:(022)23332390(编辑室) 23332393(发行部)
网址:www.tjkjcbs.com.cn
新华书店经销
三河市骏杰印刷厂印刷

开本 787×1092 1/16 印张 16 字数 170 000
2009 年 10 月第 1 版第 1 次印刷
定价:29.50 元

前　言

　　当你觉得生活失去了色彩,当你觉得快乐总是遥遥无期,当你觉得快要被压力压垮,当你郁闷自己总是人生舞台上的丑小鸭,当你为寻那个梦中的白马王子苦恼不已,当你的婚姻告急,当你陷入物欲的泥沼,当你在事业和家庭之间战战兢兢地应付着时,你需要的不是抱怨哀叹,你需要的只是让自己转一个弯。黑夜的转弯是白天,愤怒的转弯是快乐。生活里,只要转过弯就可以看见幸福。

　　前段时间,一位女友打电话告诉我说她离婚了,心情很不好,想见面跟我聊聊。见了面,才知道原来是男人有外遇了,她接受不了。女友边说边哭。

　　其实,当一份感情不幸夭折的时候,也许每个人都不能真正豁达地看开,因为那种痛苦与失落,对于那些没有类似经历的人来说是体会不到的。在安慰别人的时候,我们都会摆事实,讲道理。当我们自己身处其中的时候,才能体会那是一种怎样的难以自拔。

　　一切也许只能靠自己——要勇敢地面对现实,要学会忘记,过去的东西再美好、再快乐也不会再回来,你不想忘记的人即使你愿意用自己的生命去爱,也没用,他始终不会回到你的身边。

　　哪怕你想起某些事,看到某些景,听到某些歌,忆起某个人,即使那份感情刻骨铭心,即使在你心头是不可磨灭的,你也要学会舍得,学会遗忘。对于这些,也许只有相同经历的人才有更清楚、更深刻的体会。

　　可是,当你从泪水和忧伤中抬起头时,你才会发现其实幸福就在不远,一转弯就到了。

　　这不仅仅指爱情。

　　很多时候,女人都喜欢假设,假设自己非常漂亮身材又好,假设当初能再坚持

一下，假设自己嫁给了爱自己的人而不是自己爱的人，假设第一次创业没有失败等等，如果这些假设都能够成立，那么这个世界一定会变得非常完美，至少是我们认为的圆满。

遗憾的是，人生不过是一张单程车票，所有走过的、经历过的都成为不可更改的事实和历史。如果这些事实是幸运的，带着祝福、带着快乐，我们自然愿意欢欢喜喜地接受。如果是不幸的，带着伤害、带着眼泪，我们的心就会排斥，不愿接受，我们也会掉进各种假设的陷阱，悔恨、懊恼、失望、自责，直至身心俱疲。无论你愿意接受还是不愿意接受，这就是生活的真相，且无法更改一丝一毫。

不要抱怨上天给予自己的不够多，也不要抱怨自己的命运是如何的坎坷。

有人说，不幸是催生美好的力量。没错，如果没有经历颠沛流离人生失意的挫折，我们能阅读到曹雪芹那不朽的巨著吗？如果李白真的官场得意、平步青云，他还能吟出千古传诵的浪漫诗篇吗？

遭遇不幸，更多的人会拿假设来慰藉自己，这本无可厚非；但若是沉溺其中，这些假设就会成为你心灵的枷锁，使你丧失追求成功的勇气。所有发生的事情，都是注定无法改变的真相。你若想否认这些事实，其实就是在否定自己。我们要学会接受真相，不和过去的任何事情较劲，让自己学会在生活的十字路口转个弯。

我们经常转弯，在纸上、在笔上、在路上。纸上的弯，是因为设计的需要；笔上的弯，是因为思想的需要；路上的弯，是因为前进的需要。可是，我们经常忘记在自己的生活里转弯。其实，温暖与幸福，都在那转弯处。

有时生活是不公平的，如果我们无法适应，因此怨天尤人，不敢面对现实，没有足够的勇气去接受现实的挑战，整天活在忧郁之中，那么我们等于被生活击垮。既然这样，我们不如去思考，如何更好地去适应生活的不公。

所以，人生要转很多弯，女人的幸福就在转弯处。每个女人都要清楚地知道转过弯就能见到美丽的风景。

目录 CONTENTS

第一章　如何认识你自己：用心筑牢人生大厦的地基

如何认识你自己 ………………………………………… 2
认准自己要的是哪颗星 ………………………………… 4
内在美更能打动人心 …………………………………… 6
心灵万万不可丑陋 ……………………………………… 9
别在挫折面前甘拜下风 ………………………………… 11
自卑是属于弱者的名片 ………………………………… 13
抬举自己不如放下自己 ………………………………… 17
沉重的包袱会拖累你的脚步 …………………………… 19

第二章　女人，心累人才累：跳出围困女性意志的怪圈

女人不是背着重负前行的蜗牛 ………………………… 22
如果大声喊"痛"，伤害就会出现 ……………………… 23
自以为是当然会引人反感 ……………………………… 25
恐惧是你内心的魔鬼 …………………………………… 27
爱慕虚荣埋祸根 ………………………………………… 29
不知足就不能常乐 ……………………………………… 33
完美主义是一个美丽的错误 …………………………… 35
抑郁，让你困在阴晦的牢狱中 ………………………… 38
别再沉溺于痛苦中 ……………………………………… 42

第三章 情绪的出口：挣脱损人害己的心灵枷锁

缓和紧张的情绪 …………………………………… 46
刚愎自用会令你丧失幸福 ………………………… 48
性格暴躁是发生不幸的导火线 …………………… 52
远离自己的冲动情绪 ……………………………… 55
性格软弱的女人容易受伤 ………………………… 56
悲观是人生最黑暗的深渊 ………………………… 60
任性而为乱分寸 …………………………………… 64
自闭是自制的牢笼 ………………………………… 66

第四章 生命所有的可能性：真正的自信就是一种睿智

出门前对镜中的自己说"你真棒" ………………… 70
无须顾虑别人对你的看法 ………………………… 72
不如人意的时候保持自强 ………………………… 74
女人应该像树一样挺立 …………………………… 77

第五章 职场里：找准自己的位置

不要用冷眼看同事 ………………………………… 80
与同事保持适当的距离 …………………………… 82
会哭的女人才有"饭"吃 …………………………… 85
心不专，事不成 …………………………………… 87
切莫"吃独食" ……………………………………… 90
别做流言的传播者 ………………………………… 92

退一步海阔天空	95
刻薄的言语伤人心	96
轻视领导，会自毁前程	98
过度逞强还不如适度示弱	100
女强人的架子端不得	103
别把脾气和眼泪寄存在办公室内	106

第六章　单身贵族：一种色彩也可以涂出丰富的世界

女人如何学会爱自己	110
战胜可怕的孤独	114
做自己心情的主宰者	119
爱情不是一个女人的全部	121
保持一颗单纯而快乐的童心	124
把生活当成艺术	127

第七章　宽恕的力量：消灭啃噬幸福婚姻的虫

宽恕就是爱	130
女人不能做"火药桶"	132
不对婆媳关系太"感冒"	135
不要做男人害怕的女人	138
丈夫不是贼，别疑神疑鬼	140
别做爱唠叨的话匣子	142
不要试图改变伴侣的本来面目	145
别做他的"妻管严"	146
别把老公当成比较的靶子	149
家丑别外扬	153

包容是相互的 …………………………………… 156

第八章 无条件的爱：打造美满家庭的心经

让你的孩子读懂博爱 …………………………… 160
别把男人当回事 ………………………………… 162
怎样说男人才爱听 ……………………………… 163
智慧的女人会给情敌一个台阶下 ……………… 165
用信任"取悦"你的丈夫 ………………………… 166
把丈夫"吹"起来 ………………………………… 169
多给男人一些私人空间 ………………………… 172
用你的心拴住男人的心 ………………………… 176
当你的丈夫变得身无分文的时候 ……………… 180

第九章 用真诚打动别人：女人要学会做别人的朋友

别忘了为自己建立一个"朋友圈" ……………… 184
有些话不能直言 ………………………………… 186
用真诚打动别人 ………………………………… 189
明知故昧也是一种睿智 ………………………… 191
巧取朋友的"心" ………………………………… 194
朋友也需要用度量去包容 ……………………… 197
沉默的力量不容忽视 …………………………… 200
别为爱情放弃友情 ……………………………… 202
赢得友谊和爱的秘诀 …………………………… 205

第十章　拥有一颗平常心：幸福来源于简单的生活

拥有一颗平常心 …………………………………… 208
女性要远离刻薄 …………………………………… 209
别为小事烦恼 ……………………………………… 211
贪图便宜的人最容易吃亏 ………………………… 213
攀比是一把刺向自己的利剑 ……………………… 215
贪婪到极致是虚无 ………………………………… 217
不要成为金钱的奴隶 ……………………………… 219
人生没有过不去的事，只有过不去的人 ………… 220
承受痛苦的容器大了，痛苦的感觉就淡了 ……… 222
没有命中注定的不幸，只有死不放手的执著 …… 224

第十一章　幸福深处：只做最优秀的自己

热忱让你立于不败之地 …………………………… 228
迷人的个性产生于积极的心态 …………………… 231
勇于承受生命之重 ………………………………… 233
女人要学会宽容 …………………………………… 234
吃亏是福心中留 …………………………………… 237
要懂得欣赏自己的生活 …………………………… 240
微笑着面对所有人 ………………………………… 241
回忆属于过去，用手握住今天 …………………… 244

第一章
如何认识你自己：
用心筑牢人生大厦的地基

转过弯就是幸福 —— 幸福女人要懂得的心理学

 **如何认识你自己**

安妮是位事业很成功的女性,她年轻的时候去寻访当地一位被称为圣人的长者。他住在山边一个幽静的林子里。

安妮好不容易才找到了他,正当他们谈论得很愉快的时候,一个拄着拐杖的人非常吃力地爬上了山岭。

他跪在长者面前说:"啊,圣人,请你帮助我解脱我的罪过,我曾做过土匪,罪孽深重。"

圣人答道:"我的罪孽也同样深重。"

那个人又说:"但我是盗贼,还是个杀人犯。"

长者说:"我也是盗贼,也是个杀人犯。"

土匪说:"我犯下了无数的罪行。"

长者回答:"我犯下的罪行也无法计算。"

那个人站了起来,他两眼盯着长者,露出一种奇怪的神色。然后他离开了,失望地下山而去。

这时,安妮转过头去问长者:"你为何给自己加上莫须有的罪名?你没有看见此人走时已对你失去信任?"

长者说道:"是的,他已不再信任我,但他走时毕竟如释重负,他需要的是自己看清自己。"正在这时,他们听见那个曾做过土匪的人在远处引吭高歌。

长者的话让安妮明白了很多道理。一个能认清自我并面对现实的人,会获得一种愉悦的力量。这种力量来源于一个人的内心。

在现实生活中,作为女人,只有充分了解自己,才能有一种勇于面对现实

的积极心态。遇到不开心时，便会用意念去排解不愉快。比如每天起来，推开窗，深深呼吸一口新鲜空气，对自己说："空气多清新，生活多美好啊，新的愉快的一天又来到了。"

就是这样的积极心态，引领我们走进愉悦成功的人生。未来取决于我们的态度，这是不变的法则。当我们胸怀远大的志向，对待他人慷慨仁慈时，成功已经在望。

安妮就是从长者那里获取了这种愉悦的力量，后来，她随军官丈夫驻防在非洲靠近沙漠的营地里，那里军营的条件是很差的。他们居住的木屋总是闷热难当，连阴凉一点的地方气温也在30摄氏度以上，狂风裹挟着沙土总是呼呼地吹个不停。

军营里没有几个家属，周围住的又全是不懂英语的土著居民，生活毫无色彩，日子实在难熬。而且丈夫经常要出去执行各种各样的任务，这让一个人在家的安妮总是感到非常寂寞。她给远方的长者写信倾诉。

回信很快就收到了，信中写了这么一句话："有两名罪犯从监狱里眺望窗外，一个看到的是高墙和铁窗，一个看到的是月亮和星星。"

安妮拿着长者的信看了又看，想了又想，觉得说得很对。她振作起精神说："我这就找星星和月亮去。"

于是她走到屋外，和邻近的土著黑人交朋友，并请他们教她烹饪当地的食品，用泥土做成陶器。交往的开始是有些艰难的，但他们很快就热情地接受了她，安妮也开始融入当地人的生活之中，并且一步一步迷上了这里的风土人情。

不久之后，安妮还开始研究起了曾经让自己无比厌烦的沙漠。很快，沙漠在她眼中成了神奇迷人的地方。

她经常请土著朋友们引路深入沙漠的深处，听当地人讲沙漠的特点，还让远在伦敦的亲友帮她寄来了当时能找到的关于沙漠的所有著作，她都认真地阅读。而且她还将她知道的有关沙漠的点滴知识都写进了自己的日记，她的生活因此变得充实甚至有些忙碌了。

后来，沙漠地区不断发现石油，人们对沙漠的认识和兴趣都大增，安妮因

为她的知识面广成为了这个国家知名的沙漠专家。

几十年后,当有人向安妮问起事业成功的经验时,她说:"自我认识是一种对生活的良好心态,它能给人一种非常强大的力量,进而战胜一切困难,这是我事业的源泉,它使我终身受用。"

 认准自己要的是哪颗星

丰子恺先生写过这样一段文字:"有一回,我画一个人牵两只羊,画了两根绳子。有一位先生教我:'绳子只要画一根。牵了一只羊,后面的都会跟来。'我恍然自己阅历太少。后来留心观察,看见果然如此:就算走向屠场,也没有一只羊肯离群而另觅生路的。后来看见鸭也如此。赶鸭的人把数百只鸭放在河里,不需用绳子系住,群鸭自能互相追随,聚在一块。上岸的时候,赶鸭的人只要赶上一两只,其余的都会跟上了岸。即使在四通八达的港口,也没有一只鸭肯离群而走自己的路的。"

丰子恺先生在这里说的是动物们的盲目,然而,无数事实证明,盲目并不是低等动物们的专利,作为高等动物的人何尝不是如此呢?

说实话,羊和鸭子只不过是没有思维的低等动物,故它们的盲目并不可悲。而人是有思维的高等动物,"万物之灵"也盲目,实在是可悲至极!

美国作家梭罗说:"我们的生命都在芝麻绿豆般的小事中虚度,毫无算计,也没有值得努力的目标,一生就这样匆匆过去,因此,国家也受到损害!"书评家亨利·甘拜也有感而发地附和:"坏就坏在他们从不停下来,检讨一下,究竟自己追求的目标是不是值得,更可怜的是他们根本不知道自己要什么。"

弄清楚自己的理想,不要因为担心自己能力或经验不足,就不敢"痴心妄想";只要你弄清奋斗目标、下定决心,加倍努力学习,用心培养专长,就可以弥补现实和梦想的差距。

人生,很多时候说"不知道!"可以代表谦虚;但是,对自己身上的事推说"不知道!"只有两种可能:一是不负责任;二是缺乏自信。

面对问题,尽早拿定主意,想清楚自己想要的究竟是什么,别人才能给予适当的配合或协助,自己也比较容易成功。要成功,一定得很努力;但是,很努力,却不一定会成功。其中的关键之一是:确定自己的理想究竟是什么,否则很难成功。就算勉强成功,也不会快乐。

想摘星的人,一定要看准自己要的是哪颗星。不然,就算你愿意冒着生命危险爬天梯,到了云端才发现远在天边、近在眼前的这颗星,居然不是你想要的,岂不是前功尽弃?

努力之前,先弄清楚方向,远比一开始就埋头苦干要来得有效率。当然,你还可以安慰自己说:"不经一事、不长一智。没有多多尝试,怎么会弄清楚自己要的究竟是什么!"这句话真的没有错。有些兴趣或专长,的确要自己试试看、摸索一阵子。不过,最好还是趁年轻就多多找机会尝试,而且不要花太多时间,只有赶快确定自己的奋斗目标,才能比较容易追求到属于自己的幸福人生。

得不到自己想要的东西,固然是一种遗憾;但人生最大的遗憾,其实是盲目地追求,到最后还是无法如愿以偿。

内在美更能打动人心

尽管岁月会在女人的脸上刻下一道道皱纹,同时,它也会使女人成熟,别具风韵。最终令一个女人闪耀的还是她的思想而不是她的容貌,有思想的女人才是一朵常开不败的花。花艳固然好,花香更让人回味无穷。那些伟大的女科学家、女文学家、女政治家,她们并不一定有花容月貌,却同样受到世人景仰,因为她们思想的利剑、智慧的光芒在提升自己的同时也普照了别人。外貌毕竟是外包装,当被岁月剥蚀后,显露出的学识、修养、能力、道德观、人生观才是真正的自我、真正的内涵,也是得到人们尊重的必要条件。

国际名模姜培琳从原本一个学运动心理学的幼儿园老师到成为世界知名模特,仅用了短短三年的时间。在1999年至2001年中,她分别获得了1999年上海国际模特大赛亚军和2000年中国十大名模排名第一的荣誉。此后,她再接再厉,荣获了2002年中国国际时装周最佳职业模特冠军。

谈到自己的这一系列荣誉,她并没有否定机遇和美貌的作用,"但是,这并不是全部。在模特圈拥有美貌的人太多了,而且现在评价美的标准也不一样。我的成绩一半是因为我认真"。但令姜培琳最开心的并不是这些成就,而是能够顺利地考上北京师范大学心理学的研究生,继续学习。用媒体的话说:"学习使她受益匪浅,正是因为内心的充实,才会让姜培琳看起来具有另一种耀眼的光彩。"

在现实生活中,有相当数量的女人只注意穿着打扮,并不怎么注意自己的气质是否给人以愉悦的感受。诚然,美丽的容貌、时髦的服饰、精心的打扮,都

能给人以美感。但是这种外表的美总是肤浅而短暂的,如同天上的流云,转瞬即逝。而气质给人的美感是不受年纪、服饰和打扮局限的。一个女人的真正魅力主要在于她特有的气质,这种气质对同性和异性都有吸引力。这是一种内在的人格魅力。

有位女性曾经讲过自己和父亲的故事。

我父亲经营着一家小甜品店,整天在甜品店忙碌的父亲,面对顾客的时候总是一副谦卑的形象。虽然父亲靠辛勤经营甜品店将我养大,但我还是瞧不起父亲对顾客的那副样子,父亲总是让我放学后去甜品店帮忙,但我拒绝了。如果父亲的唠叨实在让我受不了,我也是避开同学们,偷偷溜进店里帮忙,我唯一可以与父亲对抗的举动是坚决不吃父亲做的甜品。

突然有一天,我们小区来了两位漂亮而时尚的女孩,她们居然在父亲的甜品店对面开了一家甜品店。由于她们的甜品店装饰别致,一时间顾客盈门,而父亲的甜品店则日渐冷清。一家是落后的传统手工制作,一家是现代化工艺;一边是糟老头掌柜,一边是两位青春靓丽的女孩经营,别说顾客了,就连我都想去那两个女孩的店里看看。

一年一度的甜品大赛又到了。我和很多人心里都非常清楚,今年的甜品大赛冠军非那两位女孩莫属,而我的父亲,与"甜品大王"的称号再也无缘了。但只有父亲一副胸有成竹的样子,他说:"琳娜,今年比赛就由你来当我的助手吧。"往年不都是母亲当父亲的助手吗?怎么今年非得让我去给他当助手呢?我心里嘀咕着,但嘴上却不敢说。

果然,现场的气氛比我想象的还要糟糕,偏偏最后上台比赛的又是我的父亲和那两位女孩。在台上一亮相,双方之间的差距便显现出来了。不管是评委还是观众,几乎所有人的目光都被那两个漂亮女孩吸引过去了。我跟在父亲身后,窘得无地自容。可父亲并不理会我与众人的情绪,只管埋头干活。父亲一会儿跟我说,"琳娜,你快点将这些豆子磨了";一会儿又吩咐我,"琳娜,将蜜糖罐打开"。

终于两家的作品都完成了,两位女孩的作品让在座的所有人都惊呼了起来。原来她们做的是电脑雕花西瓜盅,经过调色后冰镇制成。首先颜色就给

人一种视觉上的美感。

预料之中的,评委们对两位女孩的作品由衷赞叹。我几乎要劝父亲放弃比赛赶紧回家,免得在众人面前丢丑。就在这时,我听到了评委们对父亲作品的评价。评委们的意见是,父亲的作品虽然不如两位女孩的多姿多彩,但在口感和营养上要更胜一筹,因为父亲采用的是全手工制作,并且所选原料全是绿色食品原料。最后,评委宣布,今年的甜品大王还是父亲!不仅我,现场所有的观众都被这一意外的结果惊呆了,30秒钟的寂静过后,全场爆发出了雷鸣般的掌声和欢呼声。这时,我看见一直在静静地倾听评委们点评的父亲,平静的脸上终于露出了欣慰的笑容。我被这巨大的荣誉鼓舞着,紧紧地拥抱着父亲说:"爸爸,我们赢了!"

父亲在我耳边说:"琳娜,你听着,不管外表如何美丽,如果没有内涵,一定持久不了。你需要记住的是,不管做事还是做人,朴素、真诚永远是我们的原则。"

现在,我已成了父亲的接班人,不但继承了父亲做甜品的原则,也继承了父亲做人的原则。

孟子将内在美理解为"充实"、"充实之谓美,充实而有光辉之谓大",人们如能"善养吾浩然之气",就能不局限于有限的身体而腾跃到内心充实的境界。所以,内在美比外在美更具有无可比拟的深度与广度。追求外在美无可厚非,但是请记住:内在美比外在美更好,内在美更能打动人心。

心灵万万不可丑陋

也许你不够漂亮,也许你不够潇洒,那也大可不必为此自卑,只要拥有一颗美好的心灵,你就拥有了吸引人的魅力。

丑女东施效仿西施"捧心而颦",但人们都只说西施漂亮,见了东施却避而远之。为什么西施颦很美,东施颦却不美?两个动作完全相同,而效果却大相径庭,单单是因为西施本来就比东施漂亮吗?这只不过是原因之一,还有一个更重要的原因:西施的动作是真实的,她因心病而颦,自然之中流露出美;东施捧心而颦,只是一味地模仿,给人的感觉不是美,而是做作,所以,人们对待她们的态度也就截然不同。

只要你相信自己是最美的,你就肯定会变成最美的,因为自信能带给你红润的脸色、明亮的眼神、洒脱的举止、优雅的风度……只有走出掩饰的心理误区后,你才能让你的美丽不打折扣地显示出来,使人为之心动。

面对人世的许多事你无力回天,许多缺失你无法挽回,自卑、自怜无济于事,但你可以选择爱你的"心",让你的心完美。也许你没有财富,也许你没有幸福的家庭,也许你没有亮丽的容颜,但你一样可以让自己发光。

当美国的黄热病疯狂蔓延时,玛格丽特虽然活了下来,但是她成了一个孤儿。她虽然年纪轻轻就嫁了人,但不久她的丈夫死了,她唯一的孩子也随后病死。她非常贫穷,没有文化,除了会写自己的名字外,几乎什么也不会写。于是她就到女子孤儿收容所去谋生,她从早到晚地忙个不停,将整个生命都投入到为这些孤儿的工作中去。当一家新的漂亮的收容所建造起来以后,玛格丽

特和这些修女便从原先的艰苦条件下摆脱了出来。后来，玛格丽特还在这个城市开了一家属于自己的乳品面包店，这个城市的每个人都认识她，他们还资助她去购买运奶的小车和烤面包炉。玛格丽特非常努力地工作着，将节省下来的每一分钱都用来帮助那些孤儿，因为她已经把这些孤儿当成自己的亲生孩子了。而她自己从来就没有一件丝绸衣服，也没有戴过一双羊皮手套。但她的努力得到了回报。在她离开人世后，这座城市就为这位孤儿的朋友和保护者建造了一座美丽的纪念雕像，以表达对一个美丽的、无私的人的感激之情。

玛格丽特不曾拥有世人眼中的一切美好，但她却是最美的，因为她不曾因外表的一切而自卑、自怜，她爱自己的"心"。这颗心让她在困苦的环境里给予别人、珍爱别人。因而她是伟大的，别人也许拥有了她没有的，而她却拥有了别人得不到的。

生命的价值也许并不仅仅体现在强大的财力、曼妙的姿容、健康的体魄……更本质的是，生命是否可以超越平凡，升入更高的境地。在更高的天空，彩虹的美是有目共睹的。因为，只有经历过风雨的洗礼，生命才更美丽，才更能显示出它宝贵而华美的价值，才更显现出美的含义。

婷的双腿残疾，但她的心情似乎从未因此而沉闷、忧郁，她在每日的黄昏都会吹起她心爱的笛子。乐声像清晨的光芒，从她修长的手指间倾泻而出，那些欢快的、像露珠般纯洁、像水晶般剔透的音乐，感染着附近的居民，给他们木然而单调的生活增添了许多鲜活的色彩。因为婷的笛声，人们发现天空是那么亮丽，生活是那么轻松惬意。

那个时候，在炎热的夏夜，婷的笛声四处回旋，让人们忘却了白天的紧张、劳累和压抑，在灰色又琐碎的生活背后，大家因婷的笛声而安详、快乐；而婷对每一天都充满期待，对每一个邻居充满笑意和感谢。

婷只活到30岁，但她的生命历程到今天都没有消失。在那条街，只要有音乐，有夏夜的星空，就有婷临窗而坐的身影，有她不朽的生命力。

她常说一句话："我的脚不能走路了，但是我的音乐可以和人们一道走得更远。"

婷的生命是短暂的,并且在这短暂的生命里失去了走路的权利。但人们永远记得她的笛声,记得她带给别人的安详和快乐。

今生,不论你能走多远,不论你能得到多少生命的馈赠,爱你的"心灵",别让它沾染人世的黑暗,别让它因为受苦而不再充满活力。

别在挫折面前甘拜下风

挫折是指个人从事有目的的活动时,由于遇到阻碍和干扰,其需要得不到满足时表现出的一种消极情绪状态。人生难免会遇到挫折,没有经历过失败的人生不是完整的人生。没有河床的冲刷,便没有钻石的璀璨;没有挫折的考验,也便没有不屈的人格。正因为有挫折,才有勇士与懦夫之分。记住:"天将降大任于斯人也,必先苦其心志,劳其筋骨,饿其体肤,空乏其身,行拂乱其所为,增益其所不能"。

巴尔扎克说过:"挫折和不幸,是天才的进身之阶,信徒的洗礼之水,能人的无价之宝,弱者的无底深渊。"生活中的失败挫折既有不可避免的一面,又有正向和负向功能——既可使人走向成熟、取得成就,也可能破坏个人的前途,关键在于你怎样面对挫折。适度的挫折具有一定的积极意义,它可以帮助人们驱走惰性,促使人奋进。挫折又是一种挑战和考验。

玫琳凯在美国可谓家喻户晓,然而在创业之初,她历经无数失败,走了不少弯路。但她从来不灰心、不泄气,最后终于成为一名大器晚成的化妆品行业的"皇后"。

20世纪60年代初期,玫琳凯已经退休回家。可是过分寂寞的退休生活使

第一章 如何认识你自己:用心筑牢人生大厦的地基

她突然决定冒一冒险。经过一番思考,她把一辈子积蓄下来的 5000 美元作为全部资本,创办了玫琳凯化妆品公司。

为了支持母亲实现这个"狂热"的理想,两个儿子一个辞去一家月薪 480 美元的人寿保险公司代理商工作,另一个辞去了在休斯敦月薪 750 美元的职务,加入到母亲创办的公司中来,宁愿只拿 250 美元的月薪。玫琳凯知道,这是背水一战,是在进行一次人生中的大冒险,弄不好,不仅自己一辈子辛辛苦苦的积蓄将血本无归,而且还可能葬送两个儿子的美好前程。

在创建公司后的第一次展销会上,她隆重推出了一系列功效奇特的护肤品,按照原来的想法,这次活动会引起轰动,一举成功。可是,"人算不如天算",整个展销会下来,她只卖出去 15 美元的护肤品。

在残酷的事实面前,玫琳凯不禁失声痛哭,而在哭过之后,她反复地问自己:"玫琳凯,你究竟错在哪里?"

经过认真分析,她终于悟出了一点:在展销会上,她的公司从来没有主动请别人来订货,也没有向外发订单,而是希望女人们自己上门来买东西……难怪在展销会上落得如此地步。

她擦干眼泪,从第一次失败中站了起来,在抓生产管理的同时,加强了销售队伍的建设……

经过 20 年的苦心经营,玫琳凯化妆品公司由初创时的雇员 9 人发展到现在的 5000 多人;由一个家庭公司发展成为一个国际性的公司,拥有一支 20 万人的推销队伍,年销售额超过 3 亿美元,而这其中所历经的种种挫折只有她自己最清楚。

玫琳凯终于实现了自己的梦想。

已经步入晚年的玫琳凯能创造如此的奇迹,并不是上天的怜悯,而是因为她具有面对挫折时永不服输的精神。失败很常见,但失败之后,如果不"偃旗息鼓",不被困难击倒,不向命运屈服,那么你的人生路上定会绽放无数的成功之花。创建阿里巴巴网站的马云曾说:"创业者成功要具备三大素质:实力、眼光、胸怀,而一次又一次的失败,就是实力。"

不要惧怕挫折,挫折是一个人人格的试金石,在一个人输得只剩下生命时,潜在心灵的力量还有几何？没有勇气,没有拼搏精神,自认挫败的人的答案是零;只有无所畏惧、一往无前、坚持不懈的人,才会在失败中崛起,奏出人生的华美乐章。

世界上有无数人,尽管失去了拥有的全部资产,然而他们并不是失败者,他们依旧有着不可屈服的意志,有着坚忍不拔的精神,凭借这种精神,他们依旧能成功。

真正的伟人,面对种种成败,从不介意,正所谓"不以物喜,不以己悲"。无论遇到多么大的失望,绝不失去镇静,只有这样才能获得最后的胜利。正如温特·菲力所说:"失败,是走上更高地位的开始。"

许多人之所以获得最后的胜利,很大程度上受恩于他们的屡败屡战。一个没有遇见过大失败的人,根本不知道什么是大胜利。事实上,只有失败才能给勇敢者以果断和决心。

 自卑是属于弱者的名片

许多女人在人前总是表现得不够自信,甚至自卑,所以她们很难感受到快乐和幸福;总是自惭形秽,把自己放在一个低人一等,不被自我喜欢,进而演变成为别人也看不起的位置,并由此陷入不能自拔的痛苦境地,心灵笼罩着永不消散的愁云。

自卑的心态就像一条啃噬心灵的毒蛇,不仅吸取心灵的新鲜血液,让人失去生存的勇气,还在其中注入厌世和绝望的毒液,最后让健康的肌体发霉至腐烂。

转过弯就是幸福
幸福女人要懂得的心理学

在人生的崎岖小路上,自卑这条毒蛇随时都会悄然出现,特别是当人劳累、困乏、困惑的时候,更要加倍警惕。德国哲学家黑格尔说过:"自卑往往伴随着懈怠。"它是你前进道路上的绊脚石,可以使一个人的活动积极性与能力大大降低。自卑的根源是过分否定和低估自己,太重视别人的意见,并将别人看得过于高大而把自己看得过于卑微。

只有控制住自卑心态,人们才会敢于积极进取,成为一个有主动创造精神的人,才能开拓事业的新局面,也才会有积极的人生态度,会活得开朗、开心,会勇于承担责任,成为一个有责任心的人。任何一个在事业上有所作为的人,都是有责任心的人。只有扔掉自卑,才会在平时积极思考,才会产生奇迹;才会跨越各种障碍,成为一个不怕困难的人;才会积极主动地去结交新朋友,改善和旧朋友的关系,才会取得成功。

自卑心理所造成的最大问题是不论你有多成功,或是不论你有多能干,你总是想证明自己是不是真的如此多才多艺。换句话说,许多人都倾向于为自己设定一个形象,而不肯承认真正的自我是什么。因为他们的想法总是倾向于自我认定的多。比如,如果你一直担心自己瘦不下来,每次在量腰围时你就会犯嘀咕,而完全忘了你的身体正处在最佳的健康状态。

你总是把自己认为的劣势时时刻刻放在脑子里,提醒着自己的不足,并把这些不足和他人的优势相比较。因而,越比越觉得己不如人,越比越觉得无地自容,从而忽略了自己的优势,挫伤了自信心。事实上,"金无足赤,人无完人"。在你的眼里比较优越的人并不一定占绝对优势。相反,在别人的眼里可能你比他更优秀。

所以,有时你需要一点阿Q精神。况且你也该知道自卑往往会让你更消极、更委靡,长期下去会形成自我压抑。

如果让自卑控制了你,那么你在自我评价上会毫不怜悯地贬损自己,不敢表现自己的欲望,不敢在别人面前申诉自己的观点,不敢向别人表白自己的爱情,行为上总是显得拘谨畏缩。另一方面,对外界、对他人,尤其是对陌生环境与生人,心存一种畏惧。出于一种本能的自我保护,便会与自己畏惧的东西隔离和疏远,这样便将自己囚禁在一个孤独的城堡之中了。如果说消极情绪会

使一个人在前进路上暂时偏离目标或减缓成功速度,那么一个长期处于自卑状态的人根本就不可能有成功的希望,甚至已有的成绩也不能唤起他们的喜悦、兴奋和信心,只是一味地沉浸在自己失败的体验里不能自拔,对什么都不感兴趣,对什么都没有信心,不愿走入人群,拒绝别人接近,与丰富多彩的生活隔绝,与人群疏远,自囚于孤独之中。

有自卑情结的女人可能会很胆小,由于要避免可能使她感到难堪的一切,她就什么也不做;由于害怕别人认为自己无知,就忍住不去征求别人的意见;由于担心受到拒绝,就不敢去找个好工作。由于压抑,自卑的女人会变得更加敏感。日益敏感,再加上日益怯懦,精神状态就日益低落。一个有自卑情结的人不能长时间把精力集中在任何事物上,只能集中在她本人身上,因而常常不能实现自己的愿望。

世上大部分不能走出生存困境的人,都是因为对自己信心不足,他们就像一棵脆弱的小草一样,毫无信心去经历风雨,这就是一种可怕的自卑心理。

王璇就是这样,她本来是一个活泼开朗的女孩,却被自卑折磨得一塌糊涂。

王璇在一家大型的日本企业上班,毕业于某著名语言大学。大学期间的王璇是一个十分自信、从容的女孩。她的学习成绩在班级里名列前茅,是男孩追逐的焦点。然而,最近,王璇的大学同学惊讶地发现,王璇变了,原先活泼可爱、整天嘻嘻哈哈的她,像换了一个人似的,不但变得羞羞答答,甚至其行为也变得畏首畏尾,而且说起话来、做起事情来都显得特别不自信,和大学时判若两人。每天上班前,她会为了穿衣打扮花上整整两个小时的时间。为此她不惜早起,少睡两个小时。她之所以这么做,是怕自己打扮不好,而遭到同事或上司的取笑。在工作中,她更是战战兢兢、小心翼翼,甚至到了谨小慎微的地步。

原来到日本公司后,王璇发现日本人的服饰及举止显得十分高贵及严肃,让她觉得自己土气十足,上不了台面。于是她对自己的服装及饰物产生了深深的厌恶。第二天,她就跑到精品服饰商场去了,可是,由于还没有发工资,她买不起那些名牌服装,只能悻悻地回来了。

在公司的第一个月，王璇是低着头度过的。她不敢抬头看别人身上正宗的名牌西服、名牌裙子，因为一看，她就会觉得自己穷酸。那些日本女人或早于她进入这家公司的中国女人大多穿戴一流的品牌服饰，而自己呢，竟然还是一副穷学生样。每当这样比较时，她便感到无地自容，她觉得自己就是混入天鹅群的丑小鸭，心里充满了自卑。

服饰还是小事，令王璇更觉得抬不起头来的，是她的同事们平时用的香水都是洋货。她们所到之处，处处清香飘逸，而王璇自己用的却是一种廉价的香水。

女人与女人之间，聊起来多半是生活上的琐碎小事，主要的当然是衣服、化妆品、首饰，等等。而关于这些，王璇几乎什么话题都没有。这样，她在同事们中间就显得十分孤立，也自感十分羞惭。

在工作中，王璇也觉得很不如意。由于刚踏入工作岗位，工作效率不是很高，不能及时完成上司交给的任务，有时难免受到批评，这让王璇更加拘束和不安，甚至怀疑自己的能力。

此外，王璇刚进公司的时候，她还要负责做清洁工作。看着同事们悠然自得地享用着她打的开水，她就觉得自己与清洁工无异，这更加深了她的自卑意识……

像王璇这样的自卑者，总是一味轻视自己，总感到自己这也不行、那也不行，什么也比不上别人。怕正面接触别人的优点，便回避自己的弱项，这种情绪一旦占据心头，结果是对什么都提不起精神，犹豫、忧郁、烦恼、焦虑便纷至沓来。遇到一点困难或者挫折，便长吁短叹、消沉绝望，认为那些光明、美丽的希望似乎都与自己断绝了关系，这与现代人应该具备的自信心和宽广胸怀是格格不入的，必须引起人们的警觉和注意。

每一件事物、每一个人都有其优势，都有其存在的价值。自卑是一种没有必要的自我堕落。一个人如果陷入了自卑的泥潭，他能找到一万个理由说自己为何不如别人。比如：我个矮、我长得黑、我眼睛小、我不苗条、我嘴大、我有口音、我汗毛太多、我父母没地位、我学历太低、我职务不高、我受过处分、我有病乃至我不会吃西餐，等等。因自卑而焦虑，于是注意力分散了，从而破坏了

自己的成功,最终导致失败。失败——自卑——焦虑——分散注意力——失败,这就是自卑者自己制造的恶性循环。一个人如果陷入了自卑,在人际交往中除了封闭自己以外,还有可能会奴颜婢膝,低三下四。

一个女人如果自卑,她不仅不敢有远大的目标,同时她将永远不会出类拔萃;一个民族和国家,如果自卑,只能当别国的殖民地,站不起来,也不敢站起来,只能跟在别国后边当附庸。

抬举自己不如放下自己

有人说,自负是我们自掘的一个陷阱,当我们自负过头的时候,常常陷入其中而不能自拔。大文豪王尔德说过:"人们把自己想得太伟大时,正是在显示本身的渺小。"自负不仅害人,它甚至能夺走人的生命。

当许莉自杀的消息传遍整个大学校园的时候,人们不禁为之震惊,尤其是熟悉许莉的同学、老师和老乡,更为她的轻率而备感痛心。

许莉四年前以省第一名的成绩考入这所重点大学。进校后,学校领导、老师对她倍加重视,他们说"终于有机会发放 5000 元的状元奖金了"。仅她个人的宣传就搞了半学期,许莉成为全校闻名的人物,全校无人不知、无人不晓。

老师的宠爱、同学的羡慕以及一些人的吹捧,让许莉有了飘飘然的感觉。她想当然地认为自己是最棒的,从此,她变得极其自负、高傲。老师的话她有时还能听进去一些,同学的话她从来就不听完,还总是借机嘲笑、贬低别的同学,对什么事都嗤之以鼻。由于她的过分自负,她没有一个朋友,孑然一身更让她谁也瞧不上眼。每天她都在想着头顶上省状元的桂冠,自鸣得意。她经常因为觉得老师讲课讲得不好而不去上课,她从不参加集体活动。她时常沉浸在武侠小说、言情小说的世界里混沌度日。老师为她的成绩滑坡而担忧，经常劝导她要戒骄戒躁，可是她总是把老师的话当做耳边风。她自负地认为，自己这么聪明，对付那些考试是小菜一碟。就这样，虽然她从未在期末考试中挂"红灯"，但成绩不容乐观。自己得不到奖学金，她就说别人只会读死书；自己评不上优秀称号，她就说别人只会溜须拍马、笼络人心。

到了大四，保研名单上自然没有她。她只有两条路可以走，考研或找工作。然而她仍自负地认为，自己是省状元，"我不上研究生谁上"。于是，她自负地向全班同学宣称，她要考上全国某著名大学的计算机专业硕士研究生。从此，她也开始起早贪黑地学习了。无奈，由于大学期间专业功底太差，她学习起来总是力不从心。3月份公布成绩时，她的专业课均没有上线，这无疑是当头一棒。她拿到成绩通知单时，如霜打的茄子一般。第二天早上，人们在14层高的办公楼前发现了许莉的尸体，她的口袋里装着一份浸透了鲜血的成绩通知单和一封遗书。她说："因为我知道自己再也骄傲不起来了，对我而言，没有了骄傲就如同剥夺了自己的生命。"

我们在深深惋惜许莉年轻生命失去的同时，更察觉到了人性深处的悲哀。也许许莉到最后也不知道，是自负让她失去了生存的勇气，是自负剥夺了她生存的欲望。

"人外有人，天外有天"，谁也不是常胜将军。自负者习惯沉浸于虚无的胜利幻想中，他们常常因为一次的成功就自我满足，眼前闪现的永远是早已逝去的鲜花与掌声。他们把别人给予他们的荣誉看做是理所当然的，他们不能静下心来想一想如今自己都做了些什么，都收获了什么。自负者总认为曾经的成功能长久，总认为别人一直会甘拜下风。所以，他们自视清高、目中无人，更有甚者非但自己不思进取，还伺机嘲讽别人的努力，最终导致了正常心理的扭曲，无法承受长期以来积压的负担，最终选择了纵身一跃。

穆罕默德先知有言："一个人心中若存有一粒稻谷大小的傲慢，此人便不能升入天堂。谦逊打开了心灵王国的大门，并使人们在生活中获益。"

"谦逊"意在表明上苍无限地超越我们曾经对他做出的任何评判，无限地超越人类的理解与悟性。只有我们认识到这一点并且愈加谦逊，我们才能搬开前进道路上由我们"自我"设置的那块叫做"自负"的绊脚石。

没有一个人能够有骄傲的资本,因为任何一个人,即使他在某一方面的造诣很深,也不能够说他已经彻底精通。生命有限,知识无穷,任何一门学问都是无穷无尽的海洋,谁也没有资本自负地认为自己已经达到了最高境界而可以停步不前、趾高气扬。

沉重的包袱会拖累你的脚步

人们一定有过年前大扫除的经历,当你一箱又一箱地收拾整理时,是不是很惊讶——自己在过去短短的一年内竟然累积了那么多的东西?

人生做事又何尝不是如此?在做事的过程中,每个人不都是不断地在累积经验和知识吗?这其中也包括名誉、地位、财富、亲情、人际关系、健康、知识等,当然也包括了烦恼、郁闷、挫折、沮丧、压力。在累积过程中,有的早该丢弃而未丢弃,有的则是早该储存而未储存。

许多人都喜欢房子清扫后焕然一新的感觉,当人们拭掉门窗上的灰尘与地面上的污垢,把一切整理就绪之后,整个人好像突然得到了一种释放。其实,在人生诸多关口上,我们几乎随时随地都得"清扫",读书、出国、就业、结婚、生子、换工作、退休……每一次的转折,都迫使我们不得不丢弃该丢弃的,尽管有些东西我们依然留恋不已,但不丢掉又会成为负担,会拖累前进的脚步。

有一个叫朱怡的女人,如今是某公司的董事长。多年来,她始终坚持一个习惯:每个周六早上,利用别人不上班的时间,把自己的办公室彻底清理干净,连一张纸都不留。平常下班回到家后,她会在梳妆台前花一点时间,反省一天中发生的事,顺便计划明天该做的事。

朱怡很喜欢这种"向过去说拜拜"的清扫方式,把从前的自己做一个了结,然后迎接一个全新的开始。

朱怡自创业以来,每年的业绩都是维持高增长。通常,人一站在高峰上,总是很容易得意忘形。朱怡却不是,她总是告诉自己"一定要让自己随时放空,重要的不是回头看,而是往前看,接下来的路该怎么走"。她知道,有一天假使风光不再,过去所有的辉煌都会一笔勾销。

从前认为不能丢弃的东西,并不保证自己会珍爱一辈子,不论是过去的收藏、衣服、品位、嗜好、成就、地位、财富,最后都可能不再属于你。

朱怡经常被人问及:"你事业做得那么好,如果在事业与家庭之间做一个选择,你要选择哪一样?"她总是毫不考虑地回答:"除了家庭以外,我什么都可以放弃。"

对朱怡来讲,家就是最适合进行心灵大扫除的场所。她很反对一些人下了班之后到处找乐子,找地方狂欢,好像非得把所有的精力耗尽才罢休。她很怀疑,这样的人没有足够的休息,疲劳没有得到充分的缓解,将如何面对明天的工作和生活?

外人看朱怡,生活井然有序,而且总是神清气爽。她说,这得归功于自己每天勤于做"内在清扫",所以,已经没有留下什么值得烦恼的事了!

可是,有时候某些因素也会阻碍我们进行扫除。譬如,太忙、太累,或者担心扫完之后必须面对一个未知的开始,而你又不确定那些是不是你想要的结果,万一现在丢掉的将来需要时又拣不回来,怎么办?

心灵清扫原本就是一种挣扎与奋斗的过程。不过,你可以告诉自己,这一次的清扫并不表示是最后一次清扫。并且,没有人规定你必须一次扫干净,你可以每次扫一点,但至少在目前,你必须立刻丢弃那些会拖累你的东西,只有这样,你的人生才会更有意义,你才有可能轻装上阵,否则只会葬送自己的一生。

第二章
女人，心累人才累：
跳出围困女性意志的怪圈

转过弯就是幸福 —— 幸福女人要懂得的心理学

 女人不是背着重负前行的蜗牛

女人不是蜗牛,不需要一生都背着重负前行。累与不累,就在于能不能给心理减压了。

就每天的压力程度而言,女性比男性更辛劳。尤其在家庭、职业、金钱方面,女性感到的压力远远超过男性。

压力大的原因,除社会外界因素以外,女性自身的心理因素占了很大成分。女性事事追求完美的心态是造成压力感的主要原因。她们对家庭、事业抱有太多的理想,然而社会发展变革带来的不稳定的经济状况、紧张的工作状态以及摇摆不定的情感生活,打破了女性太多的幻想,让她们感到恐惧、无所适从。

人累首先是心累。为帮助女性减压,心理学家提出了"不完美"的观点。

(1)不要对丈夫要求太高。丈夫能为家庭提供生存保障,作为妻子就不要太苛求丈夫的温情体贴;而能给自己带来精神抚慰的丈夫,妻子就不要强求他再做个挣钱高手。

(2)不要对自己要求太高。工作上给自己定一个差不多的目标就行了,不要太在意上司对自己的评价。否则,遇到挫折就可能导致身心疲惫。

(3)不要处处谨小慎微,而是要有点"我行我素"的气魄。

(4)要有一两个闺中密友。许多女人不喜欢交同性朋友,其实不顺心的时候找个女友倾诉一番,烦恼便会减少许多。

女人不是蜗牛,不需要一生都背着重负前行。累与不累,就在于能不能给心理减压了。

如果你曾经做过一些使你现在想起来懊悔万分、恨不得从未发生过的事,不要紧，你无须挣扎在充满内疚和负罪的深渊里，只要引以为戒，确信这类的错误绝对不会再犯就够了。

我们不应该追悔往昔，纠缠其中无法自拔，除非我们能从过去的失误中学到有用的教训，或是从那些曾付出高昂代价的经历里受益。

浪费人生的大好光阴，来悔恨过去曾做错的事或说错的话，任由负罪感和内疚如同毒蛇般咬噬、折磨自己的心灵，这样的做法是没有丝毫价值的。一个人不可能改变任何已经发生的事，除非你有一架时空穿梭机。不断地在内心重温过往那些不愉快的事又有什么意义呢？既然不能使时光倒流，无法让人生从头再来，那么内疚、懊悔、自责或是羞愧都是空洞无用、苍白无力的。

负疚感只会引发愤怒、困窘、难堪与灰心沮丧。它完全是在浪费美好年华，而你本该用这些消磨掉的时间去做更多更有价值的事。

不被负疚感所纠缠并不意味着不必在乎所犯的错误，或对过错视若无睹，听之任之。你可以将一切的内疚、悔恨的感受永远深深地埋藏在心底。不偏执于负疚感，其实是让你能更有效地从过去的经历中吸取教训，积极地展望未来。

日常的行为和欲望同样会使人产生负疚感。但是仅仅内疚并不能从沉重的责任中解放出来，你仍然必须时时对自己的行为和思想负责。所以，从现在起就告别负疚感，接受已经无法重写自己的过去这一事实，勇敢地为自己所做过的一切承担应负的责任，并努力从中学到富有价值的经验吧。

 如果大声喊"痛"，伤害就会出现

有个老故事是这么说的：两个建筑工人坐下来一起吃午餐，其中一个打开便当盒就抱怨："天哪！肉卷三明治……我讨厌肉卷三明治。"他的朋友什么话

转过弯就是幸福

幸福女人要懂得的 **心理**学

也没说。隔天两人又碰面吃午餐，同样的，第一个工人打开便当盒往里面看，这次他更火大了，说："怎么又是肉卷三明治？我痛恨肉卷三明治！我讨厌肉卷三明治！"他的同事一如前日，仍然保持沉默。第三天，两人又要准备吃午餐，第一个工人打开便当盒，又大叫起来："我受够了！日复一日都是一样的东西！每个有福的日子都是吃肉卷三明治！我要吃别的东西！"他的朋友想帮点忙，便问他："你为什么不干脆叫你太太帮你做点别的？"第一个人满脸疑惑，答道："你在讲什么啊？我都是自己做午餐。"

你厌倦了肉卷三明治吗？是否你也是每天自己做午餐？改变自己说的话，不要再抱怨。改变你的言语，改变你的思维，就能改变自己的人生。"寻找就必寻见"是放诸四海皆准的原则。你所寻找的，你一定会找到。当你抱怨时，你就是用不可思议的念力在寻找自己说不要、却仍然吸引过来的东西。然后你抱怨这新事物，又引来更多不想要的东西。你陷入了"抱怨轮回"，这样的现象将在未来自行实现——表露抱怨、招致抱怨；表露抱怨、招致抱怨；表露抱怨……就这样一直反复延续，永无休止。

如果大声喊"痛"，伤害就会出现；如果抱怨，就会遇上更多想要抱怨的事。这是行动上的吸引力法则。

所谓的"抱怨"，就是表达哀伤、痛苦或不满。然而，生命中足以让我们有理由"抱怨"的事件，其实寥寥可数。我们的抱怨多半都只是一大堆"听觉污染"，有害于幸福美满。

鲜少有人知道自己抱怨的频率有多高。抱怨就好比口臭，当它从别人的嘴里吐露，我们就会注意到；但从自己的口中发出，我们却能充耳不闻。

要成为不抱怨的人很难，但并不代表做不到，也不代表有什么毛病。既然接受了不抱怨的挑战，代表你已经意识到这个问题，就能开始将抱怨从生活中驱除，你的内在焦点也会转移，变得更快乐。

如果你发出怨恨的声音，那么别人就会因此看低你的力量。怨恨不同于同情和安慰，它只会带来别人的愤怒和侮辱。而听到你发出怨恨的声音的人，可能也会像你抱怨的那样。如果你不停地抱怨，因此透露了你的秘密，你会受到意想不到的侮辱，而这在别人看来却不算什么。有些人就是因为抱怨过去所受到的侮辱，而受到更多的侮辱。发出抱怨的人，原来不过想得到一些安慰

和帮助而已,而听到他的抱怨的人却只是感到满足和轻蔑。最好的办法就是不要抱怨,不要怨天尤人,而是感谢别人给予你的礼遇,以鼓励他们作出正面的反应。当你对人诉说别人如何对待你不公的时候,往往是在告诉对方也可以这样做。聪明的人从来不说自己所受到的无礼的待遇,而只是讲述自己所受到的尊敬,这样他们会得到更多的朋友,而和他作对的人却大大减少了。

自我检视一下:你经常抱怨吗?你已经一个月或是更久没有抱怨了吗?如果你每天抱怨十次以上,那么你可能已陷入惯性的抱怨状态。

你可能说你不会或不常抱怨;你认为你只有在事情着实恼人时,才会抱怨。当你想为自己的抱怨辩解,先扪心自问,这次经历是否真的那么糟糕?让你抱怨的实际原因很严重吗?然后再下定决心,实现不抱怨的承诺。

改变自己说的话,不要再抱怨。当我们用消弭抱怨来控制言语时,就能主动创造生活,引来渴望的结果。

自以为是当然会引人反感

有些女人天生具有一种独特的才能:对于任何一个主题,哪怕她只学了点皮毛,所知并不多,她也会采用吹嘘、误导、分散等方法,让自己像老手一般,口若悬河,使听者如痴如醉。但这只是暂时的,一旦大家明白过来你这么做只不过是为了获得别人的称赞以满足自己小小的虚荣心时,你很快就会陷入孤立的境地。

这种女人的特点就是自以为是。

有一些女人也许在某个地方读了点什么,对之深信不疑,在别人面前,立刻表现出对这件事好像无所不知的样子,即使在内行面前,也无所顾忌、班门

弄斧。这样的女人自以为无所不知，其实在别人面前，至少在内行人面前是非常无知和浅薄的，理所当然，她们也不会是成大事的女人。

这些女人对事态自我的理解，虽无法一直愚弄所有的人，使所有的人思想脱离正轨，但是在很多情况下，却可以愚弄部分人，而且有一部分人还会一直受到愚弄，这也是自以为是的女人能够继续卖弄的支撑点，因为她已经成功地得到了一些注意力。

李红是一家基金管理公司老总的女儿。仗着父亲的名义，她在公司中总喜欢自以为是。

迪娜研究生毕业，她对投资的事最在行，而且对于相关的研究也投注了全部的心力。然而，在一次原本应由她主持的会议上，却是李红在支配整个会议。事实上，李红对各种基金表现所持的论调根本就是一派胡言。为赢得听众的注意力，李红说起话来，就没有人能让她停下来。

"李红，"迪娜抗辩着，"这些基金是……嗯，如果你看看它们过去的表现……"她努力想提出反对意见，但是却不知道要怎么做才好。

"迪娜，如果你有这类问题，或任何其他问题，请尽管问！"李红一秒也不停地说，然后又对那些着了迷的听众说道，"我完全了解你们的需要。当然，选择正确的投资对我来说是易如反掌的事！是呀，简直不费力气！这些基金我已经注意了好多年了，表现棒极了。相信我，绝没有错！"迪娜从她的话中就可以知道，李红对这些基金懂得并不多。然而每个人都随着李红肯定的说辞而热情起舞。没有人知道连李红自己都根本不知道自己在说些什么。

就像其他的自以为是者一样，李红的行为偏差源于她想获得别人的赞许。要是她觉得遭人轻视，她很可能会增加筹码，比以前更加卖力地表演，吸引别人的注意力。自以为是者的行为也是很坚定的，她们会毫无顾忌地强行打断并插入别人的谈话，这一切对于自以为是者而言，就犹如聚光灯之于演艺人员。

你一旦在生活中扮演了自以为是的角色，你就很难再接受别人的意见，你或许总以为别人是同意你的说法的。比如，你与听者也能很快地建立起共识。其实，这只不过是你一厢情愿的错觉罢了，这种"共识"只存在于你自己的心中。

自以为是的女人是不可能成就什么大事的，她只能失去别人的好感，使自己陷入孤立的境地。

也许在开始的时候,不知详情的人们对她的口若悬河还很有兴趣,或者坚信不疑地跟着起舞。但一段时间过后,人们就会发现,这个女人只不过是个喜欢让人注意的"大嘴巴",愚蠢而又浅薄。

简而言之,一个自以为是的女人最终只会陷入更深的孤立,更大的失败。

一个正深陷于自以为是泥潭的女人,若扪心自问,相信她自己也不得不承认,自以为是的日子并不好过。因为她必须一直作秀,要随时隐藏内心不安的感觉,为保住面子,她还要编足理由,随时应对别人的种种疑问,为自己圆谎……弄不好,她就会被自以为是套牢,被自己的醋瓶熏倒。

成大事的女人千万不要被自以为是这个小小的敌人打败,要剔除内心的虚荣,承认自己的无知,用"知之为知之,不知为不知"赢得别人的好感,以争取成大事的机会。

 **恐惧是你内心的魔鬼**

恐惧能摧残一个人的意志和生命。它能削弱人的意志品质、降低人的精神活力,进而破坏人的身心健康。它能破灭人的希望、令人丧失志气,最终使人的心力"衰弱"至不能创造或从事任何事业。

许多人简直对一切都怀着恐惧之心:他们怕风,怕受寒;他们吃东西时怕有毒,经商时怕赔钱;他们怕人言、怕舆论;他们怕困苦的时候到来,怕贫穷、怕失败、怕收获不佳、怕雷电、怕风暴……他们的生命,充满了"怕"!

恐惧能摧残人的创造精神,使人的精神机能趋于衰弱。一旦心怀恐惧、不祥的预感,则做什么事都不可能有效率。恐惧代表着人的无能与胆怯。这个恶魔,从古到今,都是人类最可怕的敌人,是人类文明事业的破坏者。

最坏的一种恐惧，就是常常预感着某种不祥之事的来临。这种不祥的预感，会笼罩着一个人的生命，像云雾笼罩着爆发之前的火山一样。

有些人对一些本来并不可怕的事情却产生一种紧张恐惧的情绪。他们自己也能意识到这种恐惧是完全不必要的，但却不能控制自己，即使尽了很大努力也依然无法摆脱和消除，因而感到极为不安。例如，有的人因偶然一次化学实验中试管发生爆炸，就再也不敢进实验室；有的学生因某次上体育课摔伤过，以后只要上体育课就恐惧。

一位刚毕业的女孩曾经这样描述她学习上的恐惧："有一次老师叫我回答问题，我却一个字也说不出，但在老师的心目中，我应是个好学生。后来的课堂上老师又一次次叫我回答问题，我每次都没有给他满意的答案。我惭愧、我沉默，我的心在流血、在呼喊、在悲伤。我的眼前是茫然、茫然、茫然……不敢看老师的眼睛，我害怕、我紧张，我害怕再让老师失望。我的心每时每刻都在急剧地跳动，它像一个恶魔，每当上课或是要专注去做某件事情时，它就会出来妨碍我、折磨我。我觉得自己被一个怪物控制着，将永远听命于它，永远屈服于它。"

恐惧是人生命情感中难解的症结之一。面对自然界和人类社会，生命的进程从来都不是一帆风顺、平安无事的，总会遭到各种各样、意想不到的挫折、失败和痛苦。当一个人预料将会有某种不良后果产生或受到威胁时，就会产生这种不愉快的情绪，并为此紧张不安。现实生活中，每个人都可能经历某种困难或危险的处境，从而体验不同程度的焦虑。恐惧作为一种生命情感的痛苦体验，是一种心理折磨。人们往往并不为已经到来的，或正在经历的事感到惧怕，而是对结果的预感产生恐慌，人们生怕无助、生怕排斥、生怕孤独、生怕伤害、生怕死亡的突然降临；同时也生怕失官、生怕失职、生怕失恋、生怕失亲、生怕声誉的瞬息失落。

某大公司招聘职员，有一位刚毕业的女大学生面试后，等待录用通知时一直惴惴不安。等了好久，该公司的信函才寄到了她手里，然而打开后却是未被录用的通知。这个消息简直让她无法承受，她对自己的能力失去了信心，觉得再试其他公司也会一败涂地，于是服毒自尽。

幸运的是，她并没有死，刚刚抢救过来，又收到该公司的一封致歉信和录用通知，原来电脑出了点差错，她是榜上有名的。

这让她十分惊喜,急忙赶到公司报到。

公司主管见到她的第一句话却是:

"你被辞退了。"

"为什么?我明明拿着录用通知。"

"是的,可是我们刚刚得知你因为收到未被录用的通知而自杀的事。我们公司不需要连一点挫折打击都受不了的人,即使你再有能力,我们也不打算录用。因为公司今后可能会出现危机,我们需要员工能不畏艰难地与公司共存亡,如果员工自己都无法克服畏惧心理,怎么能让公司转危为安?"

这个女孩彻底失去了这份工作,原因何在呢?很显然,是因为她对自己的能力没有正确评价,偶然受了点打击便轻视自己而畏惧不前,对未来不抱有希望,这是心里极度脆弱的表现。她没有想到自己失去工作,不是失在严格而苛刻的公司经理的考题上,也不是败给实力不俗的竞争对手,恰恰是自己的畏惧,挡住了自己梦寐以求的发展道路。

畏惧是人生成功的大敌,它会损耗你的精力、折磨你的身心、缩短你的寿命,让你彻底失去信心,阻止你获得人生中一切美好的东西,只有克服了它你才能给自己赢得一次又一次成功的机会。如果你不愿失败,就立即行动起来向畏惧挑战。人生的路很漫长,如果你一直都无法面对心底的这个魔鬼,到头来后悔也来不及了。

爱慕虚荣埋祸根

虚荣心是一种递增的发展事物,好像一只被吹起来的气球一样,总是希望越吹越大。生命的虚荣心是无限的,俗话说做了皇帝还想成仙,满足了一个愿

望，随之又产生了两三个愿望。满足了这个细小的愿望，很快又新生了那些庞大的愿望。由此可见，虚荣心具有一种强烈的渴求的力量。求而得之，则满足快乐；求而不得，便苦恼愁闷，便寻求新的获得途径。

虚荣心不同于功名心。功名心是一种竞争意识与行为，是一种想通过扎实的工作与劳动取得功名的心理，是现代社会提倡的健康的意识与行为。而虚荣心则是通过炫耀、显示、卖弄等不正当的手段来获取荣誉与地位。虚荣心强的人往往是华而不实的浮躁之人。这种人在物质上讲排场、搞攀比；在社交上好出风头；在人格上很自负、嫉妒心重；在学习上不刻苦。

虚荣心最大的后遗症之一是促使一个人失去免于恐惧、免于匮乏的自由。因为害怕羞辱，所以不定时地活在恐惧中，经常没有安全感，不满足。

虚荣心强的人，与其说是为了脱颖而出、鹤立鸡群，不如说是自以为出类拔萃，所以不惜玩弄欺骗、诡诈的手段，使虚荣心得到最大的满足。

从近处看，虚荣仿佛是一种聪明；从长远看，虚荣实际是一种愚蠢。虚荣者常有小狡黠，却缺乏大智慧。虚荣的人不一定少机敏，却一定缺远见。

虚荣的女人是金钱的俘虏，虚荣的男人是权力的俘虏。太强的虚荣心，使男人变得虚伪，使女人变得堕落。

虚荣是人性中一个很大的恶劣的缺陷，也是一种葬送人生的缺点，为了表面光鲜，挖空心思地让自己"好看"。

生活中，许多人因追求华而不实的东西而变得虚荣，也因此为日后埋下了隐患和祸根。我们的社会似乎不太谴责虚荣，仿佛人人爱慕虚荣，无须谴责。事实上，许多悲剧和社会问题皆源于此。

现在的年轻人追求漂亮外表的居多，但这是"爱美之心，人皆有之"，无可厚非。然而，当前却流行一种"整容"的时尚。鼻子塌可以变得挺直，眼睛小可以整成大眼睛，脸庞圆的可以整成棱角分明。

据说，有一位女青年为了见面时让男友大吃一惊，便跑到整容院做了满脸的腮红。可是，她原本想要的是"白里透红，与众不同"的效果，谁知手术做完后，她发现这些腮红的面积很大，跟羞红了脸没多少区别，想去除，却已不可能了。于是，她就把这家美容院告上法庭，整天忙着考虑用何种证据压倒对方，男友也不想见了。试问，这难道不是虚荣造成的悲剧吗？

戒除虚荣心是有方法可循的,只要你平心静气地观察一下自己,不要贪婪地盯着成功,先成为自己的良友,然后成为别人的良友。对任何人都坦诚相待,这样,你便于无形之中远离了虚荣。

虚荣是一件很危险的事,有时甚至能将人引入绝境。

1999年,有个名叫杨丽的女孩考取了北京一所名牌大学的经济管理系。

杨丽刚进大学的那些日子总是想着家里的经济困窘、父母的操心劳累,便埋头苦读,一心想用优异的学习成绩来报答父母。她成了全系几百名同学中的佼佼者,还获得了为数不算太多的一笔奖学金。然而,当她穿着简朴的衣服出现在那些时髦、阔气的同学面前时,她自惭形秽。

同宿舍里有个女孩叫李杰,思想很开放,常常对她说,你这么漂亮,应该趁着年轻赶快捞钱。李杰一般下午下课了就出去,很晚才回来,周末还不回宿舍。每次她回来总会买许多零食给大家。但是同学们都很鄙视她。

李杰有一次对杨丽说:"你需要钱吗?学坏呀!你没听说女人变坏就有钱吗?其实女孩挣钱是很容易的,傍大款,既潇潇洒洒地享受了,又没耽误挣钱。"

她知道李杰不是开玩笑,可那些话在她听来还是非常刺耳。

这一年的暑假,杨丽没有回家乡去,而是按照李杰的介绍到海淀区的一家歌舞厅去打工。她从客人们的眼中真正体会到了女孩子漂亮的价值。简直不费吹灰之力,钱就挣到手了。她开始"出卖"自己。那些所谓的廉耻和贞操,在金钱的面前是那样苍白无力和不堪一击。

她第一次从一个有钱的50多岁的老头儿那里挣了一笔钱。

从此以后,杨丽穿名牌、配手机,她的虚荣心终于得到了暂时的满足。

2001年10月,杨丽在一家夜总会认识了一个年近40岁、个子不高、相貌平平的北京男子。翻云覆雨之后,这位名叫朱森的老板塞给她2000元小费。朱森是北京某家洁具厂的副厂长,在上海负责一家销售公司。

从此,两人俨然一对热恋中的情人,出双入对,形影不离。

2002年初,朱森因为股票上被"套牢",资金周转困难,找她借2万元钱。她没有任何犹豫就给他了,也没有让他写借条。

事后不久,朱森的妻子带着8岁的孩子从上海到北京。这对整天想着和

他结婚过踏实日子的杨丽来说简直是五雷轰顶。

朱森到这时终于露出了他的豺狼面目，一脸无赖地说："我就是图个玩女人不花钱！"杨丽威胁要去告他。他反问："事情如果暴露了，看你怎么做人？"她没了办法，央求他归还2万元钱。那个禽兽不如的家伙居然没有人性地说："钱？谁能证明我向你借钱了？"

杨丽万般无奈，向一个常到夜总会来玩、自称是黑道老大的何鸣求助。何鸣是个彻头彻尾的恶棍，听了以后，声称一定要为她讨回公道。于是，两人商量了一个计划，敲诈朱森10万元钱。

2002年3月16日晚上，杨丽在电话里使尽媚术，骗朱森出来过夜。她在饭店的洗手间里给何鸣打了手机。20分钟之后，他带了3个小流氓破门而入……朱森拿出了3万多元钱。然而杨丽付出的代价也是惨重的。从那天起，何鸣让她必须随叫随到，还分文不付。

3个月后，杨丽因卖淫和涉嫌敲诈勒索罪被逮捕了。

杨丽因为与人盲目攀比而身心堕落，直至落入法网，让多少人为之摇头叹息。一个正值青春妙龄的女大学生，如果不是虚荣，不与别人盲目攀比，怎么会毁了自己的一生？

虚荣是一件很可悲的事，为了所谓的"面子"出卖自己，更是不值！对一个人来说，最重要的是走好自己的路，实在没有必要为了虚荣而与人攀比。

一个人活在别人的价值观里就会变得虚荣，因为太在意别人的看法就会失去自我。其实每个人都应当为自己而活，追求自我价值的实现以及自我的珍惜。

如果你追求的幸福是处处参照他人的模式，那么你的一生都会悲惨地活在他人的价值观里。

生活中，有的女人常常很在意自己在别人的眼里究竟是一个什么样的形象，因此，为了给他人留下一个比较好的印象，许多人总是事事都要争取做得最好，时时都要显得比别人高明。在这种心理的驱使下，她们往往把自己推上一个永不停歇的、痛苦的人生轨道上。那么，人就该永远活在别人的价值观里吗？

其实，获得幸福的最有效的方式就是不为别人而活，不让别人的价值观影

响自己。

一个人，一旦被虚荣控制，她就会不思进取，并最终毁了自己的前途，所以一定要摈弃虚荣。

 **不知足就不能常乐**

很多女性往往看不到自己所拥有的幸福，总是去追求那些不切实际的东西，因此她们充满抱怨，自己也过得很不快乐。上苍不会偏爱任何一个人，珍惜你拥有的就是幸福。

一天，异常憔悴的史密斯太太来到一个心理医生的诊所。一进门她就喋喋不休地诉说自己如何的不幸，丈夫弃她而去，刚刚上中学的孩子也不愿回家陪她，而且她又因炒股票而赔了一大笔钱……

"那么，你能说说你丈夫抛弃你的原因吗？"

"我也没和他吵架，只说邻居詹姆斯很能干，又开了一家快餐店，而且生意红火得不得了；而相比之下，我丈夫简直是个笨蛋，连一个蛋糕房都经营不好，还要赔本。"

"孩子们呢？"

"他们，太让我失望了，每次考试不是C就是D，害得每次家长会都让我丢尽了脸。"

"那你为什么要炒股票？"心理医生继续问道。

"天啊，我的朋友珍妮炒股赚了一大笔钱，她那部林肯汽车就是炒股票赚来的，她行，为什么我不行？"

心理医生问完这些问题后，没有说什么，而是给她讲了一个有关乡下老鼠

第二章 女人，心累人才累：跳出围困女性意志的怪圈 ZHUAN GUO WAN JIU SHI XING FU

和城市老鼠的故事：

城市老鼠和乡下老鼠是好朋友。有一天，乡下老鼠给城市老鼠打了个电话，邀请他到乡下来玩，他说："老兄，有空请到我家来玩，在这里，你可以享受乡间的美景和新鲜的空气，过悠闲的生活，不知意下如何？"

城市老鼠接到邀请后，非常高兴，立刻动身前往乡下。到那里后，乡下老鼠拿出很多小麦招待城市老鼠。城市老鼠不屑一顾地说："你怎么能够老是过这种清贫的生活呢？吃得这么差，住得这么简陋，多没意思呀！还是到我家玩吧，我会好好招待你的。"

乡下老鼠于是就跟着城市老鼠进了城。

乡下老鼠看到城市老鼠这么优越的生活条件，羡慕极了。想到自己的辛劳和艰苦、寒酸和贫穷，觉得自己实在太不幸了。

他们亲热地聊了一会儿，觉得肚子有点饿，就爬到餐桌上开始享受美味的食物。突然，"砰"的一声，门开了，有人走了进来。

它们吓了一跳，惊慌失措地躲进墙角的洞里。

乡下老鼠吓得忘了饥饿。愣了一会儿，突然戴起帽子，对城市老鼠说："乡下平静的生活，还是比较适合我。这里虽然生活优越，但每天都担惊受怕，倒不如回乡下吃麦子来得快活。"说罢，乡下老鼠就离开城市回去了。

"那你的意思是说，我就什么都不去想，啥也别去做，任生活就这样糟糕透顶下去？"史密斯太太盯着心理医生的眼睛问。

"不，不，我的意思是，你应该在发脾气前，多想想这个故事，然后再想方设法去解决你们所面临的问题。当然，我是说真正的问题，而不是与别人比较出来的那些所谓的'问题'。"

听了心理医生的一番话，史密斯太太终于明白了其中的道理，高高兴兴地出了诊所的大门。

俗话说："人比人，气死人。"女人往往容易看到别人比自己好的地方，并因此心境难平。我们应该像那只乡下老鼠一样，更看重自己已拥有的生活，再心平气和地去改进自己的处境。对于别人的优越，你再气，也起不到任何作用，反倒是伤害了自己的身心，非常不值得。

完美主义是一个美丽的错误

从心理学来说,"完美主义"是一种对完美过分的、极端的追求。那种完善自我,健康地追求完美,并且在努力达到高标准过程中体验到快乐的人,不是完美主义者。心理学上所指的完美主义者是那些把个人的理想标准和道德标准都定得过高,不切合实际,而且带有明显的强迫倾向,要求自己去做不可能做到的事的那种人。

完美主义的人往往不愿意接受自己或他人的弱点和不足,非常挑剔。比如,让自己保持优雅的姿态、不俗的气质、温柔的谈吐,这就是为自己定了一个过高的理想标准,而且也带有强迫的特征。这种人甚至会为一个自认为不优雅的姿态而紧张焦虑,这也并不是一个健康的追求完美的正常心态。

完美主义者表面上都很自负,其实内心深处却是非常自卑。比如,很少看到自己的优点,总是在关注自己的缺点,而且总是不知足,也很少肯定自己。不知足就不快乐,周围的人也一样不快乐。所以,学会欣赏别人和自己是很重要的,它是进一步实现下一个目标的基础。

在人际交往方面,为了维护自己这个完美的角色,完美主义者常常生活在一个狭小的圈子中。比如,很想可又不敢融入到集体中去,怕暴露了自己的缺点。不敢表露自己的感情,不敢表达自己的观点和态度,给自己制订了太多的条条框框,以完美的标准要求自己,带给自己的却只有沉重的压力和深深的自责。对于别人的褒奖,只会感到诚惶诚恐,认为自己还差得很远。违心地满足别人的要求,委屈自己,打肿脸来充胖子。

改变这种可怕性格的方法就是重新树立评价自己的标准,改掉原来那种

完美的、苛刻的、倾向于全面否定的标准，树立一种合理的、宽容的、注重自我肯定和鼓励的标准，学习多赞美自己，把过去成功的事例列在纸上，坦然愉悦地接受别人的赞扬并表示感谢。

有人曾问一位走红的国际女影星是否觉得自己长得完美，她说："不，我长得并不完美。我觉得正因为长相上的某些缺陷才让观众更能接受我。"能认识到自己有种种不足并能宽容对待的人，可以说是自信的，心态也是健康的。人生不是一盘棋，如果走错一步，那么步步皆错。人生其实就像踢足球，即使最伟大的球星也会在比赛中失误。我们的目标是努力发挥最佳水平，但不能要求自己脚脚都是妙传甚至是射门得分。

可见，醉心于追求"完美"的人，其实是不完美的。因为"完美"毕竟是抽象的，只有生活才是具体的。生活中有不少"完美"并非靠追求就能得到；相反，生活中有许多遗憾是无法避免的。假如我们在心理上战胜了这些遗憾，我们的内心就会安宁，就会重新感受到生活的乐趣。

所以，不要以为只要自己尽心尽力去做的事，一定就会达到完美，应认真思考，自己到底需要什么？不要压抑自己，也不要太在乎别人的言论，要为活出自己的特色、活出自己的风格而努力。

"最完美的商品只存在于广告中，最完美的人只存在于悼词中"。完美永远是可望而不可即的。当我们不再注意自己是否完美时，或许有一天我们会惊喜地发现往日渴求的完美，今天已经具备。

有一个很著名的故事，因其特有的耐人寻味而流传甚广。

国王有七个女儿，这七位美丽的公主是国王的骄傲。她们那乌黑亮丽的长发远近皆知，所以国王送给她们每人一百个漂亮的发夹。

有一天早上，大公主醒来，一如既往地用发夹整理她的秀发，却发现少了一个发夹，于是她偷偷地到了二公主的房里，拿走了一个发夹。

二公主发现少了一个发夹，便到三公主房里拿走一个发夹；三公主发现少了一个发夹，也偷偷地拿走四公主的一个发夹；四公主如法炮制拿走了五公主的发夹；五公主一样拿走六公主的发夹；六公主只好拿走七公主的发夹。于是，七公主的发夹只剩下九十九个。

隔天，邻国英俊的王子忽然来到皇宫，他对国王说："昨天我养的百灵鸟叼

回了一个发夹,我想这一定是属于公主们的,而这也真是一种奇妙的缘分,不晓得是哪位公主掉了发夹?"

公主们听到了这件事,都在心里暗想:是我掉的,是我掉的。可是头上明明完整地别着一百个发夹,所以都懊恼得很,却说不出。只有七公主走出来说:"我掉了一个发夹。"

话才说完,七公主一头漂亮的长发因为少了一个发夹,被风吹得披散了下来。王子不由得看呆了,决定和七公主一起过幸福快乐的日子。

是啊!人不总是因为全部拥有而幸福,相反却因失去而美丽。为什么一有缺憾就拼命去补足呢?一百个发夹,就像是完美圆满的人生,少了一个发夹,这个圆满就有了缺憾;但正因缺憾,未来就有了无限的转机、无限的可能性,这何尝不是一件值得高兴的事?

人生确实有许多不完美之处,每个人都会有这样或那样的缺憾。其实,没有缺憾我们无法去衡量完美。仔细想想,缺憾其实不也是一种美吗?

一位心理学家做了这样一个测试:他在一张白纸上点了一个黑点,然后问他的几个学生看到了什么。学生们异口同声地回答,看到了黑点。于是,心理学家得出这样的结论:人们通常只会注意到自己或他人的瑕疵,而忽略其本身所具有的更多的优点。是呀,为什么他们没有注意到黑点外更大面积的白纸呢?

有这样一位女子,她喜欢自助旅行,经常在路上拍许多照片,最后结集出版。她常自嘲地说:"因为我长得丑,所以很有安全感,如果换成是美女一个人自助旅行,那就很危险了。所以我得感谢我的丑!"

其实,在人世间,很多人注定与"缺陷"相伴而与"完美"相去甚远。渴求完美的习性使许多人做事格外小心谨慎,生怕出错,因此,必然导致其保守、胆小等性格特征的形成。在现实生活中我们不难发现,有的人长得一表人才,举止得体,说话有分寸,但你和他在一起就是觉得没意思,连聊天也毫无兴致。这些人往往是从小接受了不出"格"的规范训练,身上所有不整齐的"枝杈"都给修剪掉了,于是便失去了独具个性的风采和神韵,变得干巴、枯燥,没有生机,没有活力。客观地说,每个人在性格上的确存在着"缺陷美",即在实际生活中,那些性格有"缺陷"而绝对不属于十全十美的人反而显得更具有内在的魅

力,也更具有吸引力。

不仅人自身是不完美的,我们生活的世界也是布满缺憾的。比如,有一种风景,你总想看,它却在你即将聚焦的时候悄悄地隐退;有一种风景,你已经厌倦,它却如影随形地跟着你;世界很小,你想见的人却杳如黄鹤;世界很大,你不想看见的人却频频进入你的视线;有一种情,你爱得真、爱得纯,爱得你忘了自己,而对方却视如垃圾,如果能够倒过来,该有多好,可以不让自己再忍受痛苦。世上有许多事,倒过来是圆满,顺理成章却变成了遗憾。然而,世上的许多事情正是在顺理成章地进行着,我们没办法将它倒过来。

缺陷和不足是人人都有的,但是作为独立的个体,要相信,你有许多与众不同的甚至优于别人的地方,你要用自己特有的形象装点这个丰富多彩的世界。也许你在某些方面的确逊于他人,但是你同样拥有别人所无法企及的专长,有些事情也许只有你能做而别人却做不了!

欣赏自己的不完美,因为它是你独一无二的特征,有了它才使你不至于平庸。不完美使你区别于他人,世界也因你的不完美而多了一点色彩。

抑郁,让你困在阴晦的牢狱中

人在不同时期,拥有不同的心态,由于心态不同,就会拥有不同的人生经历。大多数人都可能或轻或重地陷入抑郁。抑郁是一种很复杂的情绪,是痛苦、愤怒、焦虑、悲哀、自责、羞愧、冷漠等情绪复合的结果。它是一种广泛的负面情绪,又是一种特殊的正常情绪。抑郁超过了正常界限就畸变为抑郁症,成了病态心理。由于每个人的心理素质不同,所以抑郁有时间长短、程度强弱之分。

对于抑郁的人,所有的怜悯都不能穿透那堵把自己和世人隔开的墙壁。

在这封闭的墙内,抑郁者不仅拒绝别人哪怕是极微小的帮助,而且还用各种方式来惩罚自己。在抑郁这座牢狱里,人们同时充当了双重角色——受难的囚犯和残酷的罪人。正是这种特殊的心理屏障——"隔离",把抑郁感和通常的不愉快感区别开来。尽管在抑郁的牢狱里人们是孤独的,但抑郁并不是单纯的孤独感。它还是一种隔离,这种隔离改变了人们对周围环境的正常感觉。

王灵是某机关的女职员。今年27岁的她出生于农民家庭,父母均无文化。她自小勤奋好学,家中对她寄予的希望很大,她也想依靠自身的努力使父母生活得更好一些。因此,她自小就埋头苦读,从小学到高中,再到大学,她的学习成绩都很好。但由于一心读书,王灵很少交朋友,根本就没有什么知心伙伴,因此,她常感到很孤单、很寂寞。尤其是参加工作后,在机关上班,工资较低,仍旧无法接济父母,她心里经常自责。

另一方面,她很难与人相处,总是一人独来独往。心中虽也很想与人交往,但又不敢,也不知道怎样去结交朋友。四年前经人介绍和某同事结婚,但两人感情基础不好,常为一些小事吵架。因此,两年来她一直有一种难以言状的苦闷与忧郁感,但又说不出什么原因。总是感到前途渺茫,一切都不顺心,老是想哭,但又哭不出来,即使是遇到喜事,王灵也毫无喜悦的心情。过去很有兴趣去看电影、听音乐,但后来就感到索然无味。工作上也无法振作起来。她深知自己如此长期忧郁、愁苦定会伤害身体,但又苦于无法解脱。有时她感到很悲观,甚至想一死了之,但对人生又有留恋,觉得死了不值,因而下不了决心。

抑郁让王灵徘徊在生与死的边缘,久难抉择,这种痛苦是每一个抑郁的人都有的体验。

抑郁者的人生态度通常很消极。正是由于抑郁使人丧失了自尊与自信,总是自我责备、自我贬低。无论对环境、对自我,都不能积极地对待。对环境造成的压力总是被动地接受而不能积极地控制,更谈不上改造;对自我也总感到难以主宰而随波逐流。于是,在人生征程上没有理想与期待,只有失望与沮丧。总感到茫然无助,陷入深重的失落感而难以自拔,对一切都难以适应,只能退缩回避。这类人,当生活环境发生重大变化而呈现出巨大反差时,当生活出现变故、遇到挫折时,或者仅仅是环境不如人意时,便精神不振、心神不定,

百无聊赖且焦躁不安,不思茶饭更无心工作,甚至整个人跌入消极颓丧中。

抑郁不是单一的病症,它有很多种类型,其病状也各不相同。与伤寒和流感不同,抑郁瓦解了人的意志,消耗了人的精力。一些人的抑郁是由某一些生活事件,诸如失业、住房问题、贫穷或重大的财产损失造成的。另一些人的抑郁似乎与遗传有关。还有一些人,早期苦难的生活经历,使得他们具有抑郁的易感性。更有一些人的抑郁根源于家庭、人际关系或与社会隔绝等问题。当然,人们或许有其中一种或多种问题,因此我们对付抑郁,需要各种治疗方法和手段,对一个人有效的方法或许对另一个人就无效。

下面几种方法,希望能对你有所帮助。

1. 合理安排日常生活

抑郁的人对日常必须的活动会感到力不从心。因此,我们应对这些活动进行合理安排,以使它们能一件一件地完成。以卧床为例,如果躺在床上能使我们感觉好些,躺着无疑是一件好事。但对抑郁的人来说,事情往往并非这么简单。他们躺在床上,并不是为了休息或恢复体力,而是一种逃避。因为没有应当做的事,我们就会为这种逃避而感到内疚、自责。并且,躺着使我们有更多的时间思考自己的困境。床看起来是安全的地方,然而,长此以往,我们会更加糟糕。因此,最重要的是,努力从床上爬起来,按计划每天做一件积极的事情。

有时,一些抑郁者常常带着这样的念头强制自己起床:"起来,你这个懒虫,你怎么能光躺在这呢?"其实,与之相反的策略也许会有帮助,那就是学会享受床上的时光。一周至少一次,你可以躺在床上看报纸,听收音机,并暗示自己:这多么令人愉快。你应当学会,在告诉自己起床干事情的时候,不再简单地"强迫自己起床",而是鼓励自己起床。因为躺在那儿想自己所面临的困难,会使自己感觉更糟糕。

2. 换一种方式思维

对抗抑郁的方式,就是有步骤地制订计划。尽管有些麻烦,但请记住,你正训练自己换一种方式思维。如果你的腿断了,你将会逐渐地给伤腿加力,直至完全康复。有步骤地对抗抑郁也必须是这样的。

现在,尽管令人厌倦的事情没有减少,但我们可以计划做一些积极的活

动,即那些能给你带来快乐的活动。例如,如果你愿意,你可以坐在花园里看书、外出访友或散步。有时抑郁的人不善于在生活中安排这些活动,他们把全部的时间都用在痛苦的挣扎中,一想到衣服还没洗就跑出来,便会感到内疚。其实,我们需要积极的活动,否则,就会像不断支取银行的存款却不储蓄一样。积极的活动相当于你银行里有存款,哪怕你所从事的活动,只能给你带来一丝丝的快乐,你都要告诉自己:我的存款又增加了。

抑郁的女人生活是机械而枯燥的。有时,这似乎是不可避免的。解决问题的关键,仍然是对厌倦进行诊断,然后逐步战胜它。

抑郁个体常感到与人隔绝、孤独、闭塞,这是社会与环境造成的。情绪低落是对枯燥乏味、缺乏刺激的生活的自然反应。

3. 战胜抑郁

许多抑郁症患者是真正的战士,很少有抑郁的人能意识到自己的极限。有时,这与完美主义密切相关。专家喜欢用"燃尽"一词描述那些处于被挖空状态的个体。对一些人而言,"燃尽"是抑郁的导火索。无论是待在家里,还是忙于应付各种工作任务,你一定要记住:你与其他人一样,所能做的工作是有限的。

4. 克服抑郁中的自责

有一个女人,自从她对门住进了新的邻居,她就开始变得抑郁。那位邻居习惯于在清晨大声播放音乐。她试图找有关部门禁止他,尽管人家很同情她,但却帮不了她。逐渐地,她陷入抑郁,感到整个生活都毁了,自己却无能为力。她并不认为抑郁是她自己的过错,也不认为自己无能、无价值或脆弱。她抑郁仅仅是因为,她沉溺在对一个复杂情境失控的状态中。

有时,抑郁是由于家庭或重要关系的冲突、破裂而造成的。抑郁的人感到自己被这种关系所困,充满失败感,但却没把过错归结于这种关系。有时,抑郁的人为抑郁症以及抑郁给自己周围的人造成的影响而感到难过,但他们不认为自己差或无能,他们将过错归罪于抑郁本身。

抑郁的时候,我们感到自己对消极事件负有极大的责任,因此,我们开始自责。这种现象的原因是复杂的,有时,自我责备是家庭中时有发生的,在我们小时候当家里出现问题时,受到责备的常常是我们。因此,即使是受虐待的

儿童都学会了责备自己——这当然是荒唐可笑的。遗憾的是,善于责备他人的成年人,常挑选那些最无反驳能力的人作为他们的责备对象。

抑郁者的自责是彻头彻尾的。但不幸事件发生或冲突产生时,他们认为这全是他们自己的错。这种现象被称做"过分自我责备",是指当我们没有过错,或仅有一点过错时,我们出现承担全部责任的倾向。然而,生活中的事件是各种情境的组合体。当我们抑郁的时候,跳到圈外,找出造成某一事件的所有可能的原因,会对我们有较大的帮助。我们应当学会考虑其他可能的解释,而不是仅仅责怪自己。

别再沉溺于痛苦中

生活中总有很多磨难,但只要你毫不畏惧地直面它们,就一定能够战胜它们。就像人们常说的那样:"如果生活让你背起了沉重的十字架,那是因为上帝知道你能行。"

美国有个摩西婆婆,丈夫去世之后,曾一度十分痛苦,家人也不要她。她不仅没有经济来源,而且也没有房子住,生活陷入绝境。

那年她已70岁。70岁的她不得不给人家打工,并在一次偶然的机会里将自己的画卖出了一个好价钱。于是她开始了自己的绘画生涯。70岁开始直到她过世前,摩西婆婆一共画出了1600幅作品,但她从来没有学过绘画。

她在自传中写道:"我很快乐,也很满足。我庆幸我没有逃避现实,我不知道一生中有没有比这段时间更美好的,我用我的生命去完成我所能的。生命是用来创造的,过去是这样,未来也是这样。"

摩西婆婆没有因丈夫的去世和生活的打击而丧失活下去的勇气,反而勇敢地接受了这个现实,悲伤之后,在绘画中重新找回了生活的快乐。

70岁啊！那已经是灯芯将尽的时候了。然而，她却在残酷的现实中证明了自己的生命价值。这样的勇气几人能有？这样的奇迹又有几个人可以铸就？

人最宝贵的就是生命，生命对于每个人只有一次。一旦离开这个世界就永远不会再有这样的机会和幸运了。人有幸活在这个世上，就要勇敢地承担生活带来的磨难，也要好好地享受生活赐予的幸福。不要做逃避生活的弱女子。认真地活着，不逃避，如此你才能真实地看清生命的全貌。

紫霄未满月就被奶奶抱回家。奶奶含辛茹苦地把她培养到小学毕业，狠心的父母才从外地返家。父母重男轻女，对女儿非常刻薄。她生病时，父母反而会为难她，母亲说："我看见你就来气，你给我滚，又有河、又有老鼠药、又有绳子，有志气你就去死。"还残忍地塞给她一瓶安眠药。13岁的小姑娘没有哭，在她幼小的心灵里，萌生了强烈的愿望——她一定要活下去，并且还要活出个人样来！

被母亲赶出家门，好心的奶奶用两条万字糕和一把眼泪，把她送到一片净土——尼姑庵。紫霄满怀感激地送别奶奶后，思绪万千："难道我的生命就只能耗在这尼姑庵吗？"在尼姑庵，法名"静月"的紫霄得了胃病，但她从不叫痛，甚至在她不愿去化缘而被老尼姑惩罚时，她也不皱眉不哭。但是叛逆的个性正在潜滋暗长。在一个雨声淅淅沥沥的清晨，她带上奶奶用鸡蛋换来的干粮和卖棺材得来的路费，踏上了西去的列车。几天后，她到了新疆，见到了久违的表哥和姑妈。在新疆，她重返课堂，度过了幸福的半年时光。在姑妈的建议下，她回安徽老家办户口迁移手续。回到老家，她却再也回不了新疆了，父母要她顶替父亲去工厂里上班。

她拿起了电焊枪，那年她才15岁。她没有向命运低头，因为她心中还有梦。紫霄利用业余时间刻苦学习，并通过了"写作"、"现代汉语"和"文学概论"等自学考试。第二年参加高考，她考取了安徽省中医学院。然而，她知道因为家庭的原因她无法实现自己的梦想。

1988年底，紫霄的第一篇习作被《巢湖报》采用，她看到了生命的一线曙光，她要用缪斯的笔来拯救自己。多少个不眠之夜，她用稚拙的笔饱蘸浓情，抒写自己的苦难与不幸，倾诉自己的顽强与奋争。耕耘换来了收获，那些凝聚

第二章　女人，心累人才累：跳出围困女性意志的怪圈

ZHUAN GUO WAN JIU SHI XING FU

心血的稿件多数被采用，还获了各种奖项。1989年，她怀抱自己的作品叩开了安徽省作协的大门，成了其中的一员。

文学是神圣的，写作是清贫的。紫霄毅然放弃了从父亲手里接过的"铁饭碗"，开始了艰难的求学生涯，因为她知道，仅凭自己现在的底子，远远不能成大器。她到了北京，在鲁迅文学院进修。为生计所迫，生性腼腆的她当起了报童。骄阳似火，地面晒得冒烟，紫霄挥汗如雨，怯生生地叫卖。天有不测风云，在一次过街时，飞驰而过的自行车把她撞倒了。看着肿得像馒头一样大的脚踝，紫霄的第一个反应是这报卖不成了。用几天卖报赚来的微薄的钱补足了欠交的学费，只休息了几天，她又一次开始了半工半读的生活。命运之神垂怜她，让她结识了莫言、肖亦农、刘震云、王宏甲等知名作家，亲聆教诲，她感到莫大的满足。

为了节省开支，紫霄住在空军某招待所的一间堆放杂物的仓库里。晚上大部分时间，这里就成了她的"工作室"，她的灯常常亮到黎明。星期天，她包揽了招待所里上百床被褥的浆洗活，胳膊搓肿了，腿站肿了，溅在身上的水冻成了冰碴……她全然不顾。有一次她累昏在水池旁，幸遇两位女战士把她背回去，灌了两碗姜汤，她苏醒过后一会儿，便接着去洗。她的脸上和手上有了和她年龄不相称的粗糙和裂口。

终于苦尽甘来，随文怀沙先生攻读古文、从军、写作、采访、成名，这一切似乎顺理成章，然而这一切又不平凡。她是一个坚强的女子，是一个不向困难俯首称臣的不屈的奇女子，她把困难视为生命的必修课，而她得了满分。

紫霄的成长历程艰辛而又执著，一次次的人生磨难反而让她越走越坚强。

老天始终是公平的，给了你艰辛就会给你幸福，而且，你付出的越多得到的也就越多。所以，请你相信，你身上背着的那个十字架有一天会用金光笼罩你。

第三章

情绪的出口：
挣脱损人害己的心灵枷锁

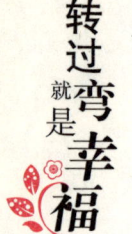

 缓和紧张的情绪

中国有句老话:天有不测风云,人有旦夕祸福。每个人活在世上,谁都难免要遇上几次灾难或一些难以改变的事情。世上有些事是可以抗拒的,有些事是无法抗拒的。既成的事实,除了接受,没有别的选择。否则坏情绪就会接踵而来,最后的结局是,不能改变这些无法抗拒的事实,而是让无法抗拒的事实改变了自己。

被称为戏剧界女王的拉莎·贝纳尔在一次横渡大西洋途中,突遇风暴,不幸在甲板上滚落,足部受了重伤。

当她被推进手术室、面临锯腿的厄运时,她突然念起自己所演过的一出戏中的一段台词,记者们以为她是为了缓和一下自己的紧张情绪,可她说:"不是的!是为了给医生和护士们打打气。你瞧,他们不是太正儿八经的了吗?"

拉莎手术圆满成功后,她虽然不能再演戏了,但她还能演讲。她的演讲,使她的戏迷再次为她而喝彩。拉莎·贝纳尔面对无法抗拒的灾难,能跳出焦虑、悲伤的圈子而踏上一段新的旅程,这就是她的情绪"转换器"在起作用。威廉·詹姆斯说:"完全接受已经发生的事,这是克服不幸的第一步。"

曾经有一个女孩很爱冲动,总是控制不好自己的情绪。于是,她的父亲就给了她一袋钉子,并且告诉她,每当有坏情绪的时候,就将一颗钉子钉在围栏的木板上。

第二天,这个女孩钉下了 18 颗钉子。这对一个女孩来讲,还是比较费力气的事。慢慢地,每天钉上去的数量减少了。她渐渐发现控制自己的情绪要比钉下那些钉子更容易些。

终于有一天,这个女孩再也不会因失去耐性而情绪化了,她把这件事告诉了父亲。父亲告诉她,现在开始每当她能控制自己脾气的时候,就去拔出一根钉子。

时间一天天地过去了,最后女孩告诉她的父亲,她终于把所有钉子都拔出来了。父亲拉着她的手来到围栏前,说:"你做得很好,但是看看那些围栏上的洞,这些围栏将永远不能恢复到从前的样子。你在情绪化时所做的事,将像这些钉孔一样留下疤痕。如果你拿刀子捅别人一刀,不管你说了多少次'对不起',那个伤口都将永远存在。"

其实,生活中,很多女人都很感性,情绪化也是很平常的事。在高兴的时候,她会被情绪指挥得事事高兴;而在失意的时候,也会将坏情绪延续下去。

有一天,一个女人想买副眼镜,她站在一个眼镜店的柜台前,把装着几本书的包放在自己旁边。

在她挑选眼镜时,一位衣着讲究的女士也过去看眼镜。女人礼貌地把包移开。但衣着讲究的女人却愤怒地瞪着她,说:"我可是个正人君子,绝对无意偷你的包。"衣着讲究的女士觉得受到了侮辱,重重地把门关上走出了眼镜店。

莫名其妙地被人这么嚷了一通,她也很生气,也没心思看眼镜了,出门开车回家。马路上的车像一条条巨大而蠢笨的毛毛虫,慢慢地蠕动。看着前后左右的车,她更生气了:哪来这么多车;哪来这么多臭司机,简直就不会开车;那家伙开这么慢,是不是脑子有问题啊……

一辆大客车与她同时到达一个交叉路口,女人想:这家伙的车这么大,一定会冲过去。她正懊恼着准备减速让行时,客车却先慢了下来,司机向女人招招手,示意着让她先过去,脸上还挂着一个开朗、愉快的微笑。

受到司机的感染,在女人将车子开过路口时,她的不愉快也烟消云散了。

那位衣着讲究的女士不知道从哪里接受了愤怒,又把这种坏情绪传染给她。她又带上这种情绪,对眼中的世界都充满了敌意,觉得每件事、每个人都在和她作对。直到看到客车司机灿烂的笑容,她的好心情才让一切都好起来。

女人要学会控制情绪,操纵好这一"转换器"。当女人看到阳光的时候,她的世界才能充满祥和。

转过弯就是幸福 幸福女人要懂得的心理学

 刚愎自用会令你丧失幸福

凡刚愎自用的人都非常自负、傲气十足、目中无人、一厢情愿、唯我独尊。这类人,有一定的能耐,在自己的工作、事业上还做出过一定的成绩,因而自信到了极点,自大自傲,自我感觉很好,达到了自我陶醉、不可一世的程度。有的人还是典型的自我崇拜狂,看人是"一览众山小",自己什么都是对的,别人统统都是错的。这类人个性孤傲,对人冷若冰霜。

凡刚愎自用的人都是顽固、守旧、偏执的。对于某种理念,过于专注,认准了的,就坚持到底,死不回头,一个劲地认为自己是在坚持原则,坚持真理,实际上他们认的却是死理,是过了时的土教条,或是不符合国情、民情的洋框框,一点灵活性都没有。这类人面对世界的发展进步,觉得不可思议或是在瞎弄胡搞;自己的这种想法,明明是与时代潮流相违背,却反过来认为是时代在倒退,是一代不如一代。这类人对新事物、新人物、新现象、新趋势一百个看不惯,视其为洪水猛兽。有时,她们的言行比保守派还保守,比顽固派还顽固。

美国总统肯尼迪因在政坛上出名了,一人得道、鸡犬升天,总统夫人杰奎琳也因是白宫夫人而名扬四海。加上她外貌美丽出众,更是使夫人之辉耀映全美。但其刚愎自用、个性固执偏激,实在令人无法忍受。这种性格却使她的一生并没有得到幸福,其一生也可以说是失败的一生。

杰奎琳能同肯尼迪结婚,也许她的外貌是一个很大的因素,但是他们俩相处之后才知道感情不和。的确,双方志趣、爱好及私人感情上都有很大的分歧。事实上,肯尼迪夫妇之间的感情濒临破裂的边缘,之所以使他们夫妻维系下去的只是老肯尼迪的压力,老肯尼迪深知如果他儿子与儿媳的关系破裂,将

严重地影响他儿子的政治前途。在美国的社会,做为总统,离婚是一件很令国人失望的事情。

1963年11月22日,肯尼迪总统遇刺身亡,杰奎琳艰难地带着一双儿女生活。5年后,杰奎琳同亿万富翁希腊船王奥纳西斯结婚。婚后没多久,杰奎琳偏激的个性就显露出来了。她因为一瓶名贵的法国香水被女佣人打破在地毯上而大发雷霆,并要求她丈夫派人到巴黎再买一瓶大号的香水。奥纳西斯派人坐专机买回一瓶中号的,由此引起杰奎琳和他的一场激烈争吵。杰奎琳讽刺她丈夫说:"谢谢你这小瓶香水!我不知道你劳师动众,派专机采购,买回的却是这件小礼物?"

新婚夫妇本当相互敬重,而这种利己主义引起的攻击,定会损伤对方心理。而杰奎琳不会去考虑这些的,她所坚持的是一贯以自我为中心的一种原则。

即使是新婚蜜月她也在同丈夫吵个不停。一天,奥纳西斯在纽约告诉杰奎琳,准备前往巴黎和他的孩子小聚。她表示不同意,她说她孩子认为巴黎不安全。同时她还声称她到巴黎害怕新闻记者的追踪,而他若坚持要去的话也要带随身保镖。奥纳西斯曾尽力企图说服她没有这个必要,她坚持没有充分的安全保障就不去巴黎,奥纳西斯拗不过她,只有听她的。于是由杰奎琳的秘书南茜全权筹备这次巴黎之行,同时还将此事正式通知法国当局。

奥纳西斯比杰奎琳早48小时先到巴黎,单独在他的巴黎公寓候驾。在第二天晚上8点钟左右,杰奎琳便带着她的大队人马,浩浩荡荡地开到福熙大街的奥纳西斯公寓。她的随从人员,除了她的两个孩子以外,还有她的美国佣人,两名特勤人员,四名私家侦探,三名法国警察。

在奥纳西斯还没有来得及亲吻一下他的新娘子的时候,六名美国特工人员抢先冲进公寓,在各房间进行彻底的搜索,然后再由三名法国警察检查四周环境。

一切就绪,这些人就分配工作,公寓的入口驻守特勤人员、侦探及法国警察各一人,后门驻守两人,公寓对门驻守两人,公寓内驻守两人,这两人的卧房就设在杰奎琳卧房的隔壁。奥纳西斯对她的这种做法不满是可想而知的。

杰奎琳固执偏激的性格在衣着上也表现得十分明显。据一个名叫海伦的

第三章 情绪的出口:挣脱损人害己的心灵枷锁

转过弯就是幸福
幸福女人要懂得的心理学

女佣人说："杰奎琳是一个生活最不正常的女人。她每天要换四套衣服，在换衣服之前，她要配合着丝袜和内衣裤试穿十几套衣服。换衣服时她是随脱随丢，佣人得马上为她一一整理，因为她经常会为了找不到衣服而大发雷霆。"

杰奎琳每一次外出，即使是三两天的行程，她也要带上二十多箱行李随行，其中五箱装内衣裤，两箱装床单，一箱装丝袜，两箱装皮鞋，其余十几箱都装着在纽约缝制的时装。她每次外出打扮总得花3个小时以上，试穿10套以上的衣服，试穿过的衣服还要立刻烫平放回行李箱，杰奎琳挑剔得甚至连丝袜都要经过烫平。这种性格简直固执偏执得让人无法想象。

爱美好俏是女人的天性，但像杰奎琳这样的恐怕就难以寻找了，即使是世界超级巨星也不过如此吧！不知什么样的男人才受得了如此折腾？

一天晚上，杰奎琳终于同意丈夫的邀请，到巴黎的马克斯餐厅吃晚饭。在那家餐厅的门口，他们夫妇受到门童和一位摄影记者的欢迎，同时还有一位衣服褴褛的乞丐追着伸手要钱。奥纳西斯立即拦阻这名乞丐，护卫着杰奎琳走进餐厅，他们的车就停放在附近一根电灯柱后面。他们吃喝玩乐到午夜才走出餐厅，一爬上汽车，就驾车飞奔而去。走不多远，突然听到车尾有铁片爆裂的声音。司机想立刻停车查看究竟，但吓得神经质似的杰奎琳叫他不要停车，尽快将车开回家再说。汽车一开进车库，他们下车便看到汽车保险杠冒着红火花，铁皮爆裂，同时他们发现一根粗电线仍然挂在车上。

杰奎琳一看就知道有人企图将车上的人电死。奥纳西斯试图消除她的恐惧心情，但毫无效果。她曾经在美国达拉斯城肯尼迪总统被刺的汽车上受过惊吓，这次在巴黎又遇到这种类似的恐怖谋杀案，杰奎琳发誓决不再坐敞篷汽车在街上兜风，没有随身保镖决不出门一步。虽然这次是有惊无险，但奥纳西斯还是报案调查。法国警察当局调查之后，并没有发现有人要暗杀他们夫妇，只是在餐厅门口被拦阻的那个乞丐的恶作剧，存心要吓他们一跳。杰奎琳不相信事情会这样简单，她决定在巴黎不再出游。作为上层社会人物乐园的巴黎在她看来是一点都不好玩。

当然，自从巴黎乞丐的恶作剧事件发生之后，杰奎琳的脾气越发古怪了。杰奎琳决定没有两名保镖随身保护，她绝不上街，奥纳西斯同意她的决定。1969年6月22日，这对夫妇在两名保镖人员的随护之下，在尼斯下机，准备乘

车直驶游艇停泊的维里法兰克港,然后回航希腊。早晨8点半游艇上已为他们准备好早点,但当汽车行至一处可俯瞰港口的山头时,杰奎琳发现一大群的摄影记者和看热闹的群众围在码头上,她立刻要求她丈夫驾车掉头找一个小餐厅吃饭,等码头上的人群散了之后再上船。当时奥纳西斯急于要尽快上船,他说只要几分钟的时间就可以上船启航了,不会给她添多少麻烦,但遭到杰奎琳的拒绝。他尽力控制着自己的脾气,只有再度忍让。汽车掉头开到一家名叫玛里诺的小馆子吃饭。他要求小馆子的主人在他们夫妇吃饭时不要接待别的客人,要多少钱就给多少钱,老板毫不犹豫地全部答应。保镖人员在门外巡逻,司机则驾着汽车在港口与餐厅之间奔驰,准备等码头上人群散去,立即通知他们起程。他们足足等了一个小时,才在不愉快的气氛中爬上游艇,直航史卡比奥斯岛。

在他们结婚的头3年中,事实上杰奎琳就已经被她丈夫宠坏了。在这3年中,她获得120个手镯,其中50个是镶有钻石的,100多对耳环,300多副项链,差不多1000个戒指。此外,她还收集了许多奥纳西斯在各地旅行为她买来的名贵宝石。对于这些,也只有亿万富翁希腊船王奥纳西斯能承受得了,若是一般的贵族非得被她折腾得破产不可。

他们夫妇最喜欢的宝石是纽约的阿培尔和希腊查罗塔两家公司的产品。凡是在这两家公司买的宝石,账单是被直接寄到并由奥林匹克公司付款。奥纳西斯每个月送给他太太的宝石价值都在两万元美金以上。他送给杰奎琳最奢侈的礼物是一双卧室用的拖鞋,那是在希腊查罗塔公司特别定制,1980年8月送给她作为生日礼物的。每只拖鞋的中央镶有一颗16克拉的钻石,其余部分则镶有圆圈形及三角形的较小钻石和翡翠,这双拖鞋的价值是十万元美金。

其实,杰奎琳和奥纳西斯的争吵全是由杰奎琳引起的,她个性偏激刚愎,总是对奥纳西斯的生活细节大加指责。例如,杰奎琳就经常看不惯她丈夫的吃饭姿态。事情虽小,但杰奎琳认为很多吃饭的礼节和规矩必须严格遵守。杰奎琳习惯于每天吃晚饭时都要换套衣服,她就不喜欢她丈夫的衬衣。甚至当她白天回家时,她都不喜欢看到她丈夫在家将领带拉松或是将鞋带解开。

除穿着以外,杰奎琳总在指责奥纳西斯吃饭时发出声音,杰奎琳就这样不停地指责着奥纳西斯。

第三章 情绪的出口:挣脱损人害己的心灵枷锁

性格决定成败,同样也决定着爱情,因为爱情是人生成败的一部分。像杰奎琳这样挑剔固执、刚愎自用的女人是难以在爱情中获得幸福的。

 性格暴躁是发生不幸的导火线

一个女人性格暴躁的最直接表现就是非常容易愤怒。愤怒是一种很常见的情绪,特别是年轻女孩。她们往往三两句话不对,或为了一点小事情就大发雷霆,最终造成十分严重的后果。

其实,愤怒是一种很正常的情绪,它本身不是什么问题,但如何表达愤怒则是问题。有效地表达愤怒会提高我们的自尊感,使我们在自己的生存受到威胁的时候能勇敢地战斗。

脾气暴躁、经常发火,不仅是诱发心脏病的致病因素,而且会增加患其他病的可能性,这是一种典型的慢性自杀。因此,为了确保自己的身心健康,必须学会控制自己,克服爱发脾气的坏毛病。

能否有效地抑制生气和不好的情绪,使自己更融于他人呢?这主要在于自己的修养和来自亲人及朋友的帮助与劝慰。实验证明:在行为方式有所改善的人中,死亡率和心脏病复发率会大大下降。为了控制和减少发火的次数和强度,必须对自己进行意识控制。当愤愤不已的情绪即将爆发时,要用意识控制自己,提醒自己应当保持理性,还可进行自我暗示:"别发火,发火会伤身体。"有涵养的女人一般能控制住自己。同时,及时了解自己的情绪,还可向他人求得帮助,使自己遇事能够有效地克制愤怒。只要有决心和信心,再加上他人对你的支持、配合与监督,你的目标一定会达到。

一般来说,性格暴躁的女人都有如下的一些表现。

（1）情绪不稳定。她们往往容易激动。别人的一点友好的表示，她们就会将其视为知己；而话不投机，就会怒不可遏。

（2）多疑，不信任他人。暴躁的女人往往很敏感，对别人无意识的动作或轻微的失误，都看成是对她们极大的冒犯。

（3）自尊心脆弱，怕被否定，以愤怒作为保护自己的方式。有的人希望和别人交朋友，而别人让她失望了，她就给人家强烈的羞辱，以挽回自己的自尊心。这同时也就永远失去了和这个人亲近的机会。

（4）不安全感，怕失去。

（5）从小受娇惯，一贯任性，不受约束，随心所欲。

（6）以愤怒作为表达情感的方式。有的人从小父母的教育模式就是打骂，所以她也学会了用愤怒作为表达情绪的唯一方式。甚至有时候，认为愤怒是表达爱的一种方式。

（7）将别处受到的挫折和不满情绪发泄在无辜的人身上。

性格是一个人文化素养的体现。大凡有文化、有知识、有修养者，往往待人彬彬有礼，遇事深思熟虑，冷静处置，依法依规行事，是不会轻易动肝火的。而大发脾气者，大多是缺乏文化底蕴的人，她们似干柴般的暴躁性格，遇火便着，任凭自己的性情脱缰奔驰，直至撞墙碰壁，头破血流，惹出事端。

所以，总是易暴躁的女人，提高自己的素质修养刻不容缓。

下面的8条措施将帮助你完成改变暴躁性格这一心理、生理转变的过程，使你的性格日臻完美。

1. 承认自己存在的问题

请告诉你的配偶和亲朋好友，你承认自己以往爱发脾气，决心今后加以改进。要求他们对你支持、配合和督促，这样有利于你逐步达到目的。

2. 保持清醒

当愤愤不已的情绪在你脑海中翻腾时，要立刻提醒自己保持理性，才能避免愤怒情绪的爆发，恢复清醒和理性。

3. 推己及人

把自己摆到别人的位置上，也许就容易理解对方的观点与举动了。在大多数场合，一旦将心比心，你的满腔怒气就会烟消云散，至少觉得没有理由迁

怒于人。

4. 诙谐自嘲

在那种很可能一触即发的危险关头,还可以用自嘲从危机中解脱出来。

"我怎么啦？像个3岁小孩,这么小肚鸡肠！"幽默是卸掉发脾气的毛病的最好手段。

5. 训练信任

开始时不妨寻找信赖他人的机会。事实会证明:你不必设法控制任何东西,也会生活得很顺当。这种认识不就是一种意外收获吗？

6. 反应得体

受到残酷虐待时,任何正常的人都会怒火中烧。但是无论发生了什么事,都不可放肆地大骂出口。而该心平气和、不抱成见地让对方明白,他的言行错在哪里,为何错了。这种办法给对方提供了一个机会,在不受伤害的情况下改弦更张。

7. 贵在宽容

学会宽容,放弃怨恨和报复,你随后就会发现,愤怒的包袱从双肩卸下来,显然会帮助你放弃错误的冲动。

8. 立即开始

爱发脾气的人常常说:"我过去经常发火,自从得了心脏病,我认识到以前那些激怒我的理由,根本不值得大动肝火。"请不要等到患上心脏病才想到要克服爱发脾气的毛病,从今天开始修身养性不是更好吗？

一位哲人如是说:"谁自诩为脾气暴躁,谁便承认了自己是一名言行粗野、不计后果者,亦是一名没有学识、缺乏修养之人。"细细品味,煞是有理,"腹有诗书气自华"。愿我们都能远离暴躁脾气,做一个有知识、有文化、有修养的人。

能够自我控制是人与动物的最大区别之一。脾气虽与生俱来,但可以调控。多学习,用知识武装头脑,是调节脾气的最佳途径。知识丰富了,修养提高了,法纪观念增强了,脾气这匹烈马就会被紧紧牵住,无法脱缰招惹是非。甚至刚刚露头,即被"后果不良"的意识所制约,最终把上蹿的脾气压下,把不良后果消灭在萌芽状态。

远离自己的冲动情绪

我们的失败往往是因为不能控制自己的情绪而造成的,如果我们能够掌握自己的情绪,那么我们就更容易掌握命运。

吉布林和他舅舅打了维尔蒙有史以来最有名的一场官司。

吉布林娶了一个维尔蒙的女子,在布拉陀布造了一所漂亮的房子,准备在那儿安度余生。他的舅舅比提·巴里斯特成了他最好的朋友,他们俩一起工作,一起游戏。

后来,吉布林从巴里斯特那里买了一块地,事先商量好巴里斯特可以每季度在那块地上割草。一天,巴里斯特发现吉布林在那片草地上开出一个花园,这样他就无法得到预想的一车干草了,他生起气来,暴跳如雷。吉布林也反唇相讥,弄得维尔蒙绿山上乌云笼罩。

几天后,吉布林骑自行车出去玩时,被巴里斯特的马车撞在地上。这位曾经写过"众人皆醉,你应独醒"的名人也昏了头,告了官。巴里斯特被抓了起来。接下去是一场很热闹的官司,结果使吉布林带着妻子永远离开了美丽的家。而这一切,只不过为了一件很小的事——一车干草。

每一个成功的人都是能够控制自己情绪的高手,他们不会被自己的情绪所左右,所以,成功也更容易被他们得到。如果你是个不易控制情绪的人,不如在事情发生并引发你的情绪时,赶快离开现场,让情绪稳定了再回来;如果没有地方可暂时"躲避",那就深呼吸,不要说话,这一招对克制生气特别有效。同时,寻找你生气的原因也是必不可少的。情绪陷入低潮时,我们会不自觉地压抑情绪,有时还会迁怒于他人。生某个人的气时,我们真正气的可能是自

第三章 情绪的出口:挣脱损人害己的心灵枷锁 ZHUAN GUO WAN JIU SHI XING FU

己。很多情况下当你一直受困于某种负面情绪时，就必须改变想法，想想造成你不良情绪的是否有其他原因，而不要只是一味地钻牛角尖。

只要找到原因，就会有办法处理情绪。当找到悲伤的情绪时，怒气就会慢慢消失，你也会变得宽容了。有了宽容心之后，你就能变得更开朗、更体谅别人。心情恢复平静后，负面情绪也就烟消云散了。

 性格软弱的女人容易受伤

性格软弱的女人，容易受伤，并多以失败而告终；个性坚强的女人，勇于进取，多容易成功。阮玲玉是20世纪二三十年代的著名影星，一个生活在旧社会的女人。面对腐朽的社会制度，人性好恶，如果没有坚强的个性，很难挺住。阮玲玉没有顶住，她倒下了，她失败的命运也随之终结了。究其原因，她性格太软弱了，只能选择香消玉殒。

阮玲玉是二三十年代旧上海的影视红星。她年轻美丽，本来发展前途远大，可最后却不敌流言，自杀身亡。造成阮玲玉这一失败人生的最直接原因就是性格太软弱了，在软弱中还夹杂了遇事优柔寡断，缺乏主见的因素。

其实这一性格，贯穿于阮玲玉短暂的一生。她未出道之前被流氓张达民所骗，落个人财皆空，也未能讨个说法。从影出名后，又被茶商唐季珊所骗，再加上张达民前来纠缠，使她生活在一个巨大的阴影中，记者的敲诈、流氓的中伤、黄色小报的攻击，击倒了一代影后，无奈自杀于家中。那么一连串的悲剧根源是什么呢？是性格，是优柔寡断的性格。如果她能果断出击，也许她人生的结果就要好得多了。

阮玲玉从小就是一个标准的美人胚子，由于人长得漂亮，逐渐成了很多人

的崇拜对象,就在这时,张家的少爷张达民看上了她。

张达民只是个纨绔子弟,每天只顾在外面吃喝玩乐,嫖赌逍遥,当他仔细端详了阮玲玉一番后,简直口水都要流出来了,他发誓一定要把阮玲玉弄到手。

张达民决定先从阮玲玉母亲这里入手,他对阮玲玉的母亲大献殷勤,先博得了阮玲玉母亲的欢心,然后再用手段对付阮玲玉。

张达民在追求女人方面很有一套,不紧不慢,恰到好处。他先是假装随便地同阮玲玉打招呼,然后隔几天到阮玲玉屋里坐一坐,同阮玲玉聊一聊,一开始他从不说笑或戏言,一副正人君子的样子,再加上他西装革履的仪表和风度,给阮玲玉留下较好的印象,以后,阮玲玉同他的交往也就开始多起来。对这种人,天真的阮玲玉竟没看出来。

第一步计划成功后,张达民又开始了第二步计划。他了解到阮玲玉喜爱电影和戏剧,便利用他哥哥所开电影公司之便,经常带她去看电影,并对她表现出一副关心体贴的样子,怕她饿着冻着。这种举动博得了阮玲玉的好感,阮玲玉把他当成值得信任、依靠的人了。

如果说在这之前,张达民没有什么劣迹让阮玲玉知道,阮玲玉轻信于他还情有可原,可下面这件事,就可以看出阮玲玉的性格缺乏主见和优柔的一面了。

张达民知道,追求阮玲玉不能轻易和她发生关系,便仍旧在外面寻花问柳。有一次,他在大世界附近一家妓院,同另外一个公子哥争风吃醋,大打出手,而且同时动用流氓打手,引起警察局的注意,事情闹得很大,警察专门到张家了解情况。阮玲玉知道这件事后,想同张达民一刀两断,可张达民在风月场上混多了,对女性的内心非常了解。他又是花言巧语,又是痛哭流涕并信誓旦旦要痛改前非。因此,阮玲玉被张达民的甜言蜜语所惑,轻而易举地就原谅了张达民。

阮玲玉还把这件事对母亲说了,表示对张达民的为人有了怀疑。但其母被张达民的外表和花言巧语所迷惑,认为张达民是富有人家,阮玲玉如果嫁给张达民,将来的生活就有了依靠,自己也可以结束当佣人的生涯,享享清福,安度晚年了。自从丈夫去世以后,她一人支撑着养活阮玲玉,现在她长大了,应

第三章 情绪的出口:挣脱损人害己的心灵枷锁

ZHUAN GUO WAN JIU SHI XING FU

转过就是弯幸福

幸福女人要懂得的心理学

该找一个富有的丈夫，否则她将像自己一样，一生备受生活之苦的折磨。想到这里，母亲对女儿说："张达民是个好人，虽然在外面有些风流举动，男人都是这样，等将来结了婚，他就会收心，好好地居家过日子。"她还对阮玲玉说："他家有的是钱，嫁给他，可以不愁吃，不愁穿，还可以跻身于上海阔太太的行列，这有什么不好呢？"听了母亲的话，阮玲玉不知道如何是好。从心里说，她对张达民是不大放心的，但又觉得母亲的话不无道理。这是阮玲玉优柔性格最悲哀的地方，明明对眼前的男人不放心，而且劣迹斑斑摆在眼前，在取舍上却难于决断，足可见其性格优柔的一面。

后来阮玲玉与张达民正式结婚。婚后，她对张达民有了进一步的观察与了解。她曾暗自盘算，张家在上海的几兄弟中，长兄是武侠明星张慧冲，大嫂是电影明星徐素娥；二兄张慧民也是个武侠明星，二嫂是颇有声誉的电影明星吴素馨。这两位兄长都以拍武侠片出名，还开过影片公司，各有一套创业立命的本领。老四虽年轻，也很努力，在静安寺路开设了一家照相馆。几兄弟中，唯有自己的丈夫，老六张达民，游手好闲，既无固定的职业，又不努力上进，长久下去，何以为生？阮玲玉曾试着以好言劝解丈夫：你才23岁，前途无量，总要有一固定安身的职业才好⋯⋯

张达民起初因为和阮玲玉新婚，感情缠绵，听了妻子动情的规劝，还常流露出几分羞赧腼腆的神态。

但江山易改，本性难移，收敛了一段时间的张达民又开始在外面寻花问柳、胡作非为了。他又开始经常不在家，而且赌博的嗜好越来越严重，往往是出手千金，又经常赌输，所以家里原来积蓄的一些钱，已不够他还赌债了。于是他开始变卖家里的东西，而且对阮玲玉的态度也越来越恶劣了。阮玲玉内心很痛苦，痛苦归痛苦，个性优柔的她始终没痛下决心与张达民一刀两断。

阮玲玉每天都看报纸，后来一则明星电影公司招收女演员的广告吸引了她，她去应试了，并被侥幸录取。阮玲玉进入电影界后，渐渐有了声誉和收入，张达民更是将她看做摇钱树，胃口越来越大，简直到了索取无厌的地步。

张达民整天在梦想中发财，开始效仿大哥进行赛马赌博，可他却没有大哥运气好，不到3个月的时间就把钱全输光了，并输掉了所有家当。不但这样，还欠了一身债。债主上门要钱，有的还雇一些打手流氓来威胁。阮玲玉终于

从张达民编织的美梦中清醒过来,算是初步看清了自己曾相信并委以终身的人的真正面目。由于她自己有正当职业,有能力养活自己和母亲,于是她一气之下,在市区租了两间房子,带着母亲离开了江湾。临走时,她给张达民留了一张条子,要求同他脱离关系。

张达民在外面混了一阵后,想起了阮玲玉,经过打听,他终于找到了阮玲玉在市区的住址。他专门选择了一个晴朗的月夜,敲开了阮玲玉的家门。一进门,他就连忙向阮玲玉和她母亲赔不是,说自己不应该去赌马,今后要戒掉赌瘾,找一份稳定的工作。阮玲玉的态度很强硬,认为他们俩已脱离关系,请他以后不要再来打扰她了。张达民并不死心,仍然在阮玲玉面前死皮赖脸,最后求助于阮玲玉的母亲,要她出来劝劝阮玲玉。经过一番争执,张达民当晚又和阮玲玉住在了一起,第一次分居计划告吹。

应该说此次阮玲玉又失去一个和张达民彻底断绝关系的大好机会,她一再犹豫,怕这怕那,明知张达民恶习难改,却最终没能和他断绝关系,这实在是一场性格悲剧。

这一次,阮玲玉没有摆脱张达民,使张达民像一张蜘蛛网一样粘在自己身上,无法摆脱。张达民恶习越来越重,赌输之后回家偷取张老太太的养老储蓄作赌本,被他母亲和几个兄长轰了出去,阮玲玉看到张达民就恶心,但她却不敢公开登报同他脱离关系。她认为如果这样的话,作为一个电影演员的她,肯定会被新闻界大肆渲染,而成为一桩丑闻的中心人物,成为人们茶余饭后闲谈助兴的话题。阮玲玉无计可施,终于想到了一死了之。

一天晚上,她同张达民大吵一架之后,吞下了大量安眠药,不自觉地发出痛苦的呻吟,母亲发现后,立即把她送入医院,抢救及时,使她转危为安,第一次自杀未成,她的命运也没有因此而改变。事情并没有到以死了之的地步,却要以死来了结与对手的纠缠,这难道不是明显的软弱吗?真不知一个人能有几次可以用生命来抵挡这种纠缠?

造成阮玲玉悲剧的原因,有社会因素,但更主要的原因还是自己软弱优柔的个性。敌不过流言,更不敢大大方方地面对社会,而且不知身正不怕影子斜,流言总有消逝的一天。

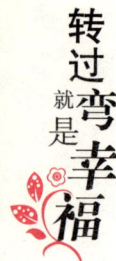

 悲观是人生最黑暗的深渊

悲观成习的女人与"马大哈"性格的女人截然相反。她没学到"马大哈"对人对己的办法，不会得过且过，也不能对人对己都马马虎虎；相反，处事谨慎，处处提防自己行为不要出格。一旦有了行为的失误，总是害怕大难临头。同时，悲观的人也有很强的"良心"自监力，即使没有什么严重后果，她也绝不饶恕自己。

我们都经历过一些小的失意，有人遇到这些失意时，觉得世间一切都不尽如人意，忧郁不安、悲观自怜，结果更加失意，以致失去了人生的幸福和欢乐。正确的方法应是，寻找产生沮丧悲观心理的原因，对症下药，寻求解决问题的良好途径。

沮丧情绪常常会扩大生活的不幸。有的人在沮丧中形成了对他人冷漠的态度，认为这样可以报复别人，其实这样不但无助于事情的解决，还会进一步损害自己。因为这样做，无论在肉体上、精神上都将进一步摧残着自己，使自己无法坚强地面对现实。事实上，沮丧是一种常见的情绪，很难引起人足够的重视，但我们不能不注意这个细节：不要因沮丧而扩大生活的不幸。

每一个女人应该像对待所有其他的不幸后果一样，对于不幸带来的沮丧，不是一味地自怨自艾、怨天尤人，而是振作起来，采取勇敢、奋进的态度去直视它、面对它，以积极乐观的精神去征服它。

如果你见过张璨，如果你知道她的人生经历，一定会感到十分惊讶，这样一位年轻美丽，脸上还留有一股学生气的女士，竟然拥有那么多令人羡慕的财富，而她的经历更会让人瞠目。

在中学时代,到北大读书成为张璨最大的梦想。但是由于第一年高考的失利,她被分配到东北的一所大学。张璨不愿意放弃自己的梦想,决定再考一年,于是由理科改成了文科,报考专业也从生物学改成了国际政治。终于在第二年,也就是1982年的秋天,她跨进了北大校门。

张璨在五彩缤纷的校园中自由地呼吸,她还是各种活动的积极分子。20岁时她不但赢得了大学生演讲比赛的冠军,还当上了学生会文化部的副部长。繁花似锦的未来已经在张璨面前铺开,就等着她去书写了。

可是,就在这个时候,命运和她开了一个不大不小的玩笑。

大学三年级的一天,张璨的父亲接到一封北大的来信,让他到学校谈谈。原来,他那个从小到大都是好学生、学生干部的女儿,竟被北大注销学籍了。"把孩子领回家吧。"校方对她父亲说。

张璨当时是北大学生会文化部副部长。但她突然被注销学籍,这在全北大还是唯一一个!原因是有人举报,三年前她曾考上了某大学但没去,第二年才考上北大。按当时规定,有学不上的考生必须停考一年。

如果换作别人,可能就会一脸沮丧地哭泣得天昏地暗,然后跟着父亲回家了,这样的打击太沉重了。但是张璨没有哭,而是勇敢地留了下来。

张璨说:"我不停地写申诉资料,找人谈话,上访。国家教委、人民日报社、团中央我都去过,一直折腾到毕业。"系里每周找她谈一次话,劝其离校。但就是这样,张璨也没有陷入沮丧的沼泽地,她选择了奋起抗争。

现在,唯一一条路就是考研究生,才能拿到一纸文凭,但学校不出证明就没法考。"我当时真想跪下来求他们:给我一个证明吧,让我考!为什么人都那么心硬呢,怎么就那么不通人情呢?在我最无助的时候,幸亏有周围同学的帮助和关心,否则,我真的会变得绝望、消沉,把社会看得很坏,把心里那点儿美好的东西统统打碎……"

遭遇不幸的张璨也是幸运的,因为这里是北大,她得到了来自同学和老师的热忱关怀。他们不但关心她,还在有意识地训练她坚强的品格。他们告诉她,不论遇到什么事都不能哭,每个问题都要想尽办法去解决,一定要比别的北大同学读更多的书。

在这样的关怀中,张璨不但没有把不幸扩大,反而变得越来越坚强和

勇敢。

1986年,张璨的同学都毕业了,大多分到中央机关当干部。只有她虽然完成了学业,却因没有文凭,只得到一纸说明,大意是说被注销了学籍,但坚持上课,成绩合格,学校不管她的分配。不过这个时候,张璨的心态已经很平静了:"那时已经被大家给磨炼出来了,有了一颗平常心。我反而觉得正是因为没有工作,我的机会更多。"

在张璨的毕业纪念册上,同学们给她留下这样一行赠语:"与众不同的经历,造就与众不同的道路。"

后来,张璨终于找到了人生的燃烧点,成为一名成功的企业家。而这份成功很大程度上取决于她在面临困难时永不言败的乐观心态。

每个人都会遇到不幸,甚至是灾难,但是不幸和灾难本身并不可怕,可怕的是有很多女人在不幸中变得悲观沮丧、冷漠、偏执、不信任人,天天以泪洗面,觉得全世界人都对不起自己。如果因小小的沮丧而流泪,扩大自己的不幸,那样你就会真的不幸了。

在生活中,每个女人都会有沮丧的时候,但沮丧并不是不可克服的,一遇上不幸的事就只知道悲观的女人是难以成就什么大事的,悲观并不能使不幸变成幸福,最重要的是坚强地去面对困难。

20世纪的女作家张爱玲的一生,完整地注释了悲观给人带来的负面影响是多么地巨大。

张爱玲的一生聚集了一大堆矛盾。她是一个善于将艺术生活化、将生活艺术化的享乐主义者,又是一个对生活充满悲剧感的人;她是名门之后、贵族小姐,却宣称自己是一个自食其力的小市民;她悲天悯人,时时洞察到芸芸众生"可笑"背后的"可怜",但在实际生活中却显得冷漠寡情;她通达人情世故,但她自己无论待人、穿衣均是我行我素,显得清高、独特。她在文章里同读者拉家常,但却在生活中始终与人保持着距离,不让外人窥测她的内心;她在20世纪40年代的上海大红大紫,几十年后,她在美国又深居简出,过着与世隔绝的生活。所以有人说:"只有张爱玲才可以同时承受灿烂夺目的喧闹与极度的孤寂。"这种生活态度的确不是普通人能够承受或者是理解的,但用现代心理学的眼光看,其实张爱玲的这种生活态度源于她始终抱着一种悲观的心态活

在人间,这种悲观的心态让她无法真正地融入生活,因此她总在两种生活状态里不停地左右徘徊。

张爱玲悲观苍凉的人生色调,深深地沉积在她的作品中,使其作品产生了巨大且独特的艺术魅力。但无论她用怎样流利俊俏的文字,写出怎样可笑或传奇的故事,终不免流露出悲哀。那种渗透着个人身世之感的悲剧意识,使她能与时代生活中的悲剧氛围相通,从而在更广阔的历史背景上渐臻深广。

张爱玲所拥有的深刻的悲剧意识,并没有把她引向西方现代派文学那种对人生彻底绝望的境界。个人气质和文化底蕴最终决定了她只能回到传统文化的意境,且不免自伤自恋,因此在生活中,她时而在世俗的喧嚣中沉浸,时而又陷入极度的寂寞中,最后孤老死去。

张爱玲的悲剧人生,让我们看到了悲观对一个人的残害是多么深重。现实生活中,不止文豪有这样的悲观情绪,平常的人也会经历这样的心情。

一个沮丧悲观的人老待在屋子里,便会产生禁锢的感觉。然而,当他离开屋子,漫步在林荫大道,也许心绪就突然变了,怒气和沮丧也消失了,心中充满了宁静,自然的色彩给人带来阵阵快意。另外,任何一种体育锻炼都有助于克服沮丧。经常参加体育锻炼会使人精神振奋,避免消极地生活下去。

因此,转换自己的悲观情绪,其实并不难。

人类的所有行为,无论是乐观,还是悲观,都是"学"得的。悲观者的悲观性格,并非"命中注定",而是"后天养成"的。

那么,会有一些什么样的具体的办法能真正帮助我们正确地克服悲观性格所带来的负面影响呢?办法当然还是有的,当我们遭遇到失败或挫折而沮丧时,不妨试试下面这几招。

(1)越担惊受怕,就越遭灾祸。因此,一定要懂得用积极的心态带给自己力量,要相信希望和乐观能引导我们走向胜利。

(2)即使处境艰难,也要寻找积极因素。这样,就不会放弃取得微小胜利的努力。你越乐观,克服困难的勇气就越会倍增。

(3)以幽默的态度来接受现实中的失败。具有幽默感的人,一定有能力轻松地克服厄运,排除随之而来的倒霉念头。

(4)既不要被逆境困扰,也不要幻想出现奇迹,要脚踏实地,坚持不懈,全

力以赴去争取胜利。

（5）不要把悲观作为保护失望情绪的缓冲器。乐观是希望之花,能赐人以力量。

（6）失败时,要想到你曾经多次获得过成功,这才是值得庆幸的。如果10个问题,你答对了5个,那么还是完全有理由庆祝一番,因为你已经成功地解决了5个问题。

（7）在闲暇时间,要努力接近乐观的人,观察他们的行为。通过观察,能培养起乐观的态度,乐观的火种会慢慢地在内心点燃。

（8）要知道,悲观不是天生的。悲观不但可以减轻,而且通过努力还能转变成一种新的态度——乐观。

（9）如果乐观态度使你成功地克服了困难,那么你就应该相信这样的结论:乐观是成功之源。

任性而为乱分寸

人生活在这个世上,都希望能"率性而为",想哭就哭,想笑就笑,想生气就生气,想怎么样就怎么样,但果真能那样吗？除非世界上只剩下你一个人。因为,你若形成任性的缺点,那么每一次决策,都可能因为你的情绪而判断失误,成功只能是一个遥不可及的梦。

人都是有感情、有尊严的,都希望得到别人的肯定、尊重、支持和理解。而你的任性,很容易刺伤别人的自尊心。即使你的家人、朋友、同事能够包容你,但客观上你还是会伤害到他们,而这种伤害往往是最没有价值的。一旦他们不能容忍,冲突和矛盾就产生了,感情很容易破裂。所以,一般那些不顾别人感受、不能控制自己情绪的人,人际关系都比较差。谁愿意总是和耍小性子的人待在一起呢?所以,你应该学会适时地调控自己的情绪,把握好分寸,不要太任性。

一个星期三的下午,小雨上班的时候,一位气质极好、一看就属于白领阶层的青年女子来找办公室小周。可是小周不在,她便留下了自己的姓名。

等小周回来后,小雨告诉她,有一位漂亮得可以当演员的女孩子来找她。小周笑道:"你怎么知道她没有去当演员?事实上她不仅做过演员,而且还曾与一个非常重要的角色失之交臂呢!"说着她报出那个角色。小雨的心猛然一震:那可是个令一名当年原本无名的女演员一夜之间红得发紫的角色啊!

而她是怎样错过的呢?当时,慧眼识珠的导演挑选女主角,挑来挑去,最后只剩下两位候选人。与日后走红的那位相比,论外形和气质,非她莫属。然而她脸上几颗隐瞒不了的青春痘造成了导演的犹豫。导演虽然有些犹豫,但还是偏向于她的,不巧这时外界又传出了她与导演有染的谣言。一贯任性的她一赌气,退出竞争,随即又辞职,匆匆地打道回府了。

10年来,她频频失去可以尽展才华的机会,竟成了一名普通的白领。偏离了自己真正的人生轨道,从事着自己并不真心喜欢的职业,其中郁积的遗憾和委屈又岂是一口气能赌掉的?况且,她的婚姻也因之而不幸福。

有这样一个故事,说的是从前有一个人提着网去打鱼,不巧这时下起了大雨,他一赌气将网撕破了。网撕破了还不够,又因气恼一头栽进了池塘,再也没有爬上来。

下雨不能打鱼,等天晴就是了。不要让一场雨下进灵魂里,不要让一口气久久不能蒸发,从而输掉青春、爱情以及可能的辉煌和触手可及的幸福。

任性赌气,其实是对自己的不负责任。既然如此,又何苦而为呢?

第三章 情绪的出口:挣脱损人害己的心灵枷锁

自闭是自制的牢笼

　　自闭的人往往有些孤独。这种人大多在生活中犯过一些"小错误",又由于道德观念太强烈,导致自责自贬,自己做错了事,就看不起自己,贬低自己,甚至辱骂、讨厌、摈弃自己,总觉得别人在责怪自己,于是深居简出,与世隔绝。有些人十分注重个人形象的好坏,总是觉得自己长得丑。这种自我暗示,使得他们非常注意别人对自己的评价,甚至别人的目光,最后干脆拒绝与人来往。有些人由于幼年时期受到过多的保护或管制,他们内心比较脆弱,自信心也很差,只要有人说点什么,心里马上就会紧张起来。

　　自闭总是给我们的生活和人生带来无法摆脱的沉重的阴影,让我们关闭自己情感的大门,而没有交流和沟通的心灵只能是一片死寂。因此,一定要打开自己的心门,并且从现在开始。

　　自闭的人,需要改变自己。

　　首先,要乐于接受自己。有时不妨将成功归因于自己,把失败归结于外部因素,不在乎别人说三道四,"走自己的路",乐于接受自己。

　　其次,要提高对社会交往与开放自我的认识。交往能使人的思维能力和生活功能逐步提高并得到完善;交往能使人的思想观念保持新陈代谢;交往能丰富人的情感,维护人的心理健康。一个人的发展高度,决定于自我开放、自我表现的程度。克服孤独感,就要把自己向交往对象开放。既要了解他人,又要让他人了解自己,在社会交往中确认自己的价值,实现人生的目标,成为生活的强者。

　　第三,要顺其自然地去生活。不要为一件事没按计划进行而烦恼,不要对

某一次待人接物做得不够周全而自怨自艾。如果你对每件事都精心对待以求万无一失的话，你就在不知不觉地把自己的感情紧紧封闭起来了。

应该重视生活中偶然的灵感和乐趣。快乐是人生的一个重要标准，有时让自己高兴一下就行，不要整日为了目的，为解决一切难题而奔忙。

第四，不要为真实的感情刻意去乔装自己。如果你和你的挚友分离在即，你就让即将涌出的泪水流下来，而不要躲到盥洗室去哭。为了怕别人说长道短而把自己身上最有价值的一部分掩饰起来，这种做法没有任何意义。

生活中许许多多的事都是这样，遵从你的心，听取你心灵的声音，这样即使做错了事，我们也不会太难过。

有一个叫张燕的女人，自从参加一位朋友的生日宴会后，就突然感到莫名的恐惧，不敢外出见人，终致无法正常上班而闲在家里。家人也为此整日愁眉不展，后来在朋友的百般追问下她才道出了原因，她对朋友说：

"两年前我与一位长得很漂亮的同事一同去赴一位朋友的生日宴会，都是同行，但她更受朋友们的欢迎，不少人争着和她聊天，像众星捧月似的，搭理我的人却很少。于是顿感心中不安，中途退席回家。从此，不时感到惶恐不安，老觉得我不如别人，感到害怕。开始还只是怕和她在一起，后来连见到她也害怕，整天担心她会突然出现在自己面前。不久，就连和客户会面都让我感到害怕。这种状况已有一年多了，我不知道还会持续多久，我老公现在也不想和我生活在一起了。"

张燕的遭遇让我们了解了自闭的可怕。自闭不仅让自己失去对生活的信心，而且做任何事情都心灰意冷，精神恍惚，最终自己也不能容纳自己，并走向极端。

自闭是心灵对外开放的一剂毒药，是对自己融入群体的所有机会的封杀。自闭不仅会毁掉自己的一生，也会让周围的朋友、亲人一起忧伤，总之，自闭会葬送一生的幸福。所以，生活在快节奏的现代生活中，我们一定要走出自闭的牢笼，走入群体的海洋。

暂时的自闭孤独有时也是一种休息、放松及宣泄。但是这种自闭只能是暂时的，如果长时间陷入其中，必然会导致心灵的失衡，最终走向极端。而且，长期的封闭会阻隔个人与社会的正常交往。处在封闭环境之中的人，很容易

第三章 情绪的出口：挣脱损人害己的心灵枷锁 ZHUAN GUO WAN JIU SHI XING FU

导致精神的委靡，思维的僵滞，它使人认知能力变窄，情感淡漠，人格扭曲，最终可能导致人格异常与变态。

在一家生物公司工作的小张便是这样。她和一名同事一起参加优秀员工的角逐，但结果她落选了，她的同事被选上了。小张很不服气地说："论能力、论口才，我哪一点比她差？可她被选上了，而我却落榜了，不就是因为那个副经理是她老乡吗，有什么了不起。"于是，以后其他的活动小张也"不屑"参加。应该承认，工作中好多事情也是少不了人情的，有些事情也是依靠人情才能解决的。既然现实已经如此，就不得不接纳，并去坦然面对。像小张这样的人一遇到挫折就怨天尤人、一蹶不振，很容易走向自闭的牢笼中。

在社会上，经历小张这般遭遇的人为数不少。起初，他们都是抱着一腔热忱，想在工作中大展身手，但现实却令他们失望，受了点挫折便自暴自弃了，甚至"心如死灰"，似乎"看破了红尘"。这些人大多数在上学期间活泼开朗，只是到了工作时才"连连受挫"，因此也无意于"争名夺利"了，也不再"出头露面"了，逐渐变得内向、自闭起来。

自我封闭的心理具有一定的普遍性，各个历史时期、不同年龄层次的人都可能出现，其症状特点有：不愿意与人沟通，害怕和人交流，讨厌与人交谈，逃避社会，远离生活，精神压抑，对周围环境敏感。由于自我封闭，所以他们常常忍受着难以名状的孤独寂寞。

人类的内心世界是由感情凝结而成的，所以才能在邻里或朋友之间建立起诚挚的友谊；才能在夫妻间建立起美满的婚姻和家庭；社会也才能通过感情的纽带协调转动。真挚的感情无影无形，但它却比任何实际的东西都更有价值。

如果一个女人总是将自己封闭在一个狭窄的圈子内，对自己、对社会都没有好处，所以自闭的女人们都应走出自我封闭的圈子，注意倾听自己心灵的声音，并大胆追求一切美好和幸福。

第四章

生命所有的可能性：
真正的自信就是一种睿智

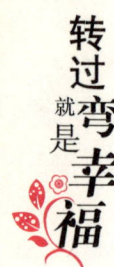

转过就是幸福
幸福女人要懂得的心理学

出门前对镜中的自己说"你真棒"

женщин的美丽有多种多样的体现,有人有学识,有人有能力,有人有气质,但最美的却是自信的女人。自信的女人不会老是盯着别人的优点,羡慕不已,她们相信自己有着比别人更优秀的方面。

从现在开始,彻底抛弃那些"我不行"、"我办不到"、"我总是不如某某"的想法,出门前看着镜子,做个深呼吸,试着大声地对自己说:"你真棒!"之后,你会发现自己信心倍增,不但走在路上会有"我比别人都好"的感觉,做起事情来也比平时更有干劲儿。

这就是自我暗示的力量,有时会让人创造出奇迹来。要经常给自己心理暗示,对自己说"我很棒"、"我能行"、"我可以"、"这个困难我能克服",会让人一直保持美好的心境。暗示的力量是无穷的,只要你能够正确运用它,它就会为你的人生带来幸福和快乐。

一个刚刚出道的歌手,接到了有关方面的通知,邀请她参加某次大型演唱会而事先进行试唱。在这之前,她曾经接到过类似的通知,但是她去试唱了三次,结果都是因为她太紧张,三次均被淘汰。尽管她的嗓音很出众,演唱水平不俗,长相也很好,但她总是担心等到她演唱时,评委会给她亮出最低分。因为她总是担心评委们不喜欢她,虽然自己尽力演唱,但是她总是有这种心理,于是她每次参加试唱的时候都心情焦虑,不知道如何是好。她的潜意识接受了这种消极的自我暗示,并对她的试唱产生了致命的影响,使她屡次遭受挫败。

后来,她听从朋友的意见,来到一家心理诊所,接受治疗。在医师的建议下,她开始运用自我暗示的方法,向恐惧感发起攻击。她把自己关在一个房间里,走到一个带扶手的椅子上,尽量放松心情,让自己的全身都感到很舒适,并慢慢地闭上双眼,均匀地呼吸,逐渐驱走脑中的杂念。这样,她的意识性思维变得驯服了,易于接受自我暗示。她对自己说:"其实,我唱得很好。我很有实力。我可以做到心平气和,非常自信。"按照医生的建议,她每天都重复做这样的练习。一周以后,她就像变了一个人似的,她不再那么焦虑和恐惧,而是沉着和冷静。她不仅在以后的试唱中通过了评委的审查,而且演唱水平也大幅度提高。

还有一个例子,一个已经75岁高龄的老妇人,总是对自己和他人说:"我的记性越来越糟糕了。"这样过了不久,原本记忆力还不错的她,真的开始"糊涂"了,刚刚和她说过的事情,她马上就忘记了。当别人提醒她这件事情刚刚和她说过后,她就会感叹:"哎呀,我的记性真的是越来越糟糕了。"她的女儿发现了母亲的这一病态,就把她带到了心理医生那里,接受心理治疗。医生告诉她,只要你每天数次对自己说:"其实我的记忆力很好。只要我愿意的话,我可以记住任何事物——它们在我大脑中的痕迹,一天比一天清晰。当我回忆起它们时,它们的痕迹便会生动的呈现出来,就像刚刚发生过的一样。"三周以后,这个老妇人的记忆力果然恢复了正常。

还有个女孩子,平时总是爱发脾气、猜疑心重,家里人都很怕和她说话,稍不留心,可能就会惹来麻烦。这个女孩子很苦恼,她也知道爱发脾气、猜疑心重,不是好事,但是每次她都控制不住自己,事情过后又后悔。后来她接受了医生的建议,经常对自己说:"我的脾气其实很好。我每天都充满了快乐,我和我的家人相处得很好,我很爱他们,他们也喜欢我。我关心他们,体贴他们,我身边的人都因为我的存在而感到幸福快乐。我的良好的修养和高雅的气质,深深地感染了他们。"一个月以后,奇迹终于出现了,她成了一个气质优雅、活泼热情的好姑娘。

人究竟有多大的潜能?开发的极限是什么?谁都无法回答。其实,我们每一个人都可以活得比现在更好,因为我们并没有达到自己的人生极限。

培养自己这种习惯:保持最好的自我,成为你最想成为的"那个你"。尤其要记住自己受人赞美的地方。那就是真实的你,使之成为指导你一生的参照

物——最好的自我形象。你会发现,重新调整感觉的做法将像磁石一样吸引你,当你设想自己达到了目标时,你会感觉到这块磁石的力量。

如果你以不同的方式思想,会有不同的感受和行为,这全在于你如何控制自己的思想。正像诗人约翰·米尔顿写的:"心灵可以把天堂变成地狱,也可以把地狱变成天堂。"

 无须顾虑别人对你的看法

要想成为现代自信女人,一定要努力培养自己的主见性和独立性,不要让别人(或自己)的消极想法影响你的行为和事业。

莫尼卡·狄更斯二十几岁时虽然已是有作品出版的作家,可是仍然举止笨拙,常感自卑。她有点胖,不过并不显肥,但那以使她觉得衣服穿在别人身上总是比较好看。她在赴宴会之前要打扮好几小时,可是一走进宴会厅就会感到自己一团糟,总觉得人人都在对她评头论足,在心里耻笑她。

有个晚上,莫尼卡忐忑不安地去赴一个不太熟悉的人的宴会,在门外碰见另一位年轻女士。

"你也是要进去的吗?"

"大概是吧。"她扮了个鬼脸,"我一直在附近徘徊,想鼓起勇气进去,可是我很害怕。我总是这样子的。"

为什么?莫尼卡在灯光照映的门阶上看看她,觉得她很好看,比自己好得多。

"我也很害怕。"莫尼卡坦言,她们都笑了,不再那么紧张。她们走向前面人声嘈杂、情况不可预知的地方。莫尼卡的保护心理油然而生。

"你没事吧?"莫尼卡悄悄问道。这是她生平第一次心不在自己而在另一个人身上。这对她自己也有帮助,她们开始和别人谈话,莫尼卡开始觉得自己是这群人中的一员,不再是个局外人。

穿上大衣回家时,莫尼卡和她的新朋友谈起各自的感受。

"觉得怎么样?"

"我觉得比先前好。"莫尼卡说。

"我也如此,因为我们并不孤独。"

莫尼卡想:这句话说得真对!我以前觉得孤立,认为世界其余的人都自信十足,可是如今遇到了一个和我同样自卑的人。迄今为止,我因为被不安全感吞噬了,根本不会去想别的,现在我得到了另一启示:会不会有很多人看来意兴高昂、谈笑风生,但实际上心中也忐忑不安?

莫尼卡常为其供稿的一家报馆有位编辑总有些粗鲁无礼,莫尼卡觉得他的目光永不和自己的接触。她总觉得他不喜欢自己,现在,莫尼卡怀疑会不会是他怕自己不喜欢他?

第二天去报馆时,莫尼卡深吸一口气,对那位编辑说:"你好,安德森先生,见到你真高兴!"

莫尼卡微笑抬头。以前,她习惯一面把稿子丢在他桌上,一面低声说道:"我想你不会喜欢它。"这一次莫尼卡改口道:"我真希望你喜欢这篇稿子,大家都写得不好的时候,你的工作一定非常吃力。"

"的确吃力。"那位编辑叹了口气。莫尼卡没有像往常那样匆匆离去,她坐了下来。他们互相打量,莫尼卡发现他不是个咄咄逼人的编辑,而是个头发半秃、其貌不扬、头大肩窄的男人,办公桌上摆着他妻儿的照片。莫尼卡问起他们,那位编辑露出了微笑,严峻而带点悲伤的嘴变得柔和起来。莫尼卡感到他们两人都觉得自在了。

后来,莫尼卡的写作生涯因战争而中断。她去接受护士训练,再次感觉到医院里的人个个称职,唯自己不然;她觉得自己手脚笨拙,学得慢,穿上制服看起来仍全无护士的感觉,引来许多病人抱怨。"她怎么会到这儿来的?"莫尼卡猜他们一定会这样想。

工作繁忙加上疲劳,使莫尼卡不再胡思乱想,也不再继续发胖。她开始感

第四章 生命所有的可能性:真正的自信就是一种睿智

觉到与大家打成一片的喜悦,她是团队的一分子,大家需要她。她看到别人忍受痛苦,遭遇不幸,觉得他们的生命比自己的更重要。

"你做得不坏。"护士长有一天对莫尼卡说。莫尼卡暗喜:她原来在称赞我!他们认为我一切没问题。莫尼卡忽然惊觉几星期来根本没有必要为自己是否称职而发愁担忧。

上苍并没有创造一个标准人,他使人类有个别独特之分,犹如他使每一片雪花有个别独特之分一般。所以,不要过分关心别人的想法。你过分关心"别人的想法"时,你太小心翼翼地想取悦别人时,你对于假想的"别人不欢迎"过分敏感时,你就会有过度的个人否定、压抑以及不良的表现。你必须明白:你是独一无二的,你不"像"任何一个人,也无法变得"像"某一个人,没有人"要"你去像某一个人,也没有人"要"某一个人像你。

不如人意的时候保持自强

自强的女人,拥有的东西不一定很多,但是,她却拥有一份富可敌国的财富——自强。正是这种精神使得世界如此美丽。

一个女人如果具备自强不息的精神,她的情感和心态就会充满活力,让她不会在消极、失败、成见、怀疑面前止步。那种对自己永不满足的态度表现到外面来,她就会不自觉地洋溢出生机与魅力。

真正令人心仪的,往往是具有精神品味的女人。容貌不能说不重要,但绝不是最重要,徒有其表,腹中空空的女性只能是昙花一现,最重要的是人的自强不息的精神,她使普通的女性也变得富有气质与魅力。

梅子是一家广告公司的设计总监。

她家四口人：爸爸、妈妈、她和妹妹。她长得很普通，平平常常，毫无特色，再加上皮肤黑糙，从来不曾引起人们的注意。老天好像故意与她作对，偏偏把妹妹生得肤白貌美，大眼睛明亮多情，长长的睫毛还打着卷。她已经习惯了亲友们毫不避讳地夸赞妹妹，她也习惯了妹妹那掩抑不住的神气，习惯了妈妈自豪的笑声。她明白，相貌平平，注定不会受人关注。

因此，梅子的心理从小就十分脆弱和敏感，非常害怕别人说自己丑，无论这个"说"是用嘴、用眼或用形体语言。她不仅忌讳"丑"字，就连形容人漂亮之类的词语也觉得听起来刺耳。别人谈起漂亮时，她也希望他们转移话题，或是找个借口走开。因为她的相貌平平，在家里处处都小心为是，而妹妹像个小天鹅高仰着脖子，霸气十足，吃苹果她挑大个的，买衣服要买她看中的，所有人都要顺从她。

少女时代的她和妹妹的性格截然相反。妹妹娇气任性，整天梳洗打扮，对什么总是浅尝辄止；她则稳重、深沉、爱学习、善思索，她将更多的时间用来博览群书，在书的海洋里得到了心灵净化，也在读书的过程中，对美有了正确的认识。她开始坦然地面对现实，不再将容貌当成自己在同龄人中地位与尊严的全部象征来看待了。她坚信，没有谁能简单地仅凭脸蛋闯天下。大学期间，除了学好专业课程，梅子攻外语、学电脑、练写作、参加演说……整体素质得到了较大的提高，成了系里屈指可数的才女。毕业时，在严峻的就业形势下，梅子凭个人的综合能力，进入了北京市的政府机关工作。

梅子踌躇满志地进入单位，却又失望地发现，这个世界仿佛一直是男人的，单位当领导的、挑大梁的，大多是男人。女人，即使是漂亮女人，也好像只是单位装点门面的花瓶，就连端茶送水，也要找个眉清目秀的。身为丑女，在这个被挤压得十分逼仄的生存和发展空间里，要想求得一席之地，梅子只有凭借自己的内在实力，并且注定要在工作上比别人付出更多。

刚参加工作时，领导都不知道安排点什么活儿让梅子干更合适。梅子接到的第一桩任务便是校稿。梅子以一般人少有的细致工夫，几千字的文稿一次便校对成功，这在以前几乎是从来没有过的，领导开始对梅子有了好感。但梅子知道自己的价值并没有真正体现。在以后几次校稿中，梅子把握好时机，显得"有点多嘴"似的向撰稿人委婉地指出文稿的不妥之处，并提出很好的建

第四章 生命所有的可能性：真正的自信就是一种睿智

议。没想到其貌不扬的梅子竟然有过硬的写作功底,领导和同事开始对她刮目相看,并安排她起草一些工作材料。接到写作任务后,只要领导简单授意,梅子便能一气呵成,并且别人很难挑出毛病。很快熟悉了单位业务后,梅子开始承担起方案计划、总结报告、领导讲话等一系列重要文稿的起草任务,并在专业报刊上发表了一些研究论文和工作简讯,有点张扬但又让人信服地显示了自己的才华。

当时,网上办公、信息高速公路等都还只是口头上的时髦词,而梅子利用自己的电脑和网络技术,在免费的主页空间上建成了本单位的信息网站。领导一乐,又拨了笔资金购置了一批设备,在梅子的主持下,建成了内部局域网,基本实现了办公现代化。为此,她的单位受到上级部门的好评,于是,领导也在许多场合夸奖梅子是个人才。

梅子的外貌也并没有影响她与同事们的交往,男同事们似乎更愿意和能力强、能吃得起苦的梅子合作;由于不会像漂亮女孩那样争宠吃醋,梅子成了所有女同事的好姐妹。梅子很快就融入到集体中,并成了其中积极活跃、不可或缺的一分子。

工作不到三年,梅子就被提升为中层领导,开始从幕后默默耕耘的角色走向台前。后来她又被推荐出国深造,而妹妹从本市的护士中专学校毕业,当了一名护士。今天,梅子的亲友们见到她爸妈总爱问起她,她成为亲友心目中关注的对象。相貌和成绩,外在与内在的较量,有了今天最后的结果,妹妹也不再是让父母百依百顺的小天使了。虽然至今梅子并没有认为事业上已经很成功,但梅子至少成功地实现了心理转变,从一个自卑、敏感的女孩变得自尊、自信和自强。

自强的女人,无论家庭、事业、交际,都能一帆风顺,偶尔出现的挫折、打击,总能被她们轻巧化去,一举手、一投足间,便能使事情向着有利于她们的方向发展。

自强的女人,也许会疲劳,因为自强会带来众人的期待和信任,会令她们走进一个又一个劳心劳力的圈子,但是,自强的她们,总有办法用最短的时间、最恰当的方式巧妙地处理妥当,在众人的赞叹声中,保持她们自信的微笑,给大家送去定心的精神动力。

自强的女人，不一定天姿国色，不一定闭月羞花，甚至可能相貌平平，但是，因为那份自强，她们瞬间便变得光彩耀人，变得淡雅高贵。因而，无论在哪个场合，她们都是最耀眼的焦点，而且永远不会因为容颜的衰老而失去自己的魅力。

女人应该像树一样挺立

记得一位著名的女作家曾经说过："女人，无论何时，都应该像树一样站立。"是的，女人不应该是一根藤，一根只能依靠他物才能生存的藤；女人应该是一棵站立的树，历经狂风暴雨却屹然挺立的树。只有这样的女人，才能享受生活的阳光，才能在风雨人生中吸取更多的养分，并让自己如花般鲜艳夺目。

自信的女人最美丽。有自信的女人总是能坦然地面对社会、面对生活赋予她的一切，甜也好，苦也好，悲也好，喜也好，痛也好，乐也好，都有勇气去承担，即使遇到失败或者残缺的生活，也不会失去努力向好的方面发展的动力。她的自信，让她即使做不到拥有最漂亮的外表，也能拥有最令人折服的内涵。

自信是一种最坚强的内在力量，它能够帮助女人度过最艰难困苦的时期，直到曙光最终出现。信心从未令女人失望，它会使她发现自身的价值和潜能，取得成功。

有一个墨西哥女人和丈夫、孩子一起移民美国，当他们就快到达目的地的时候，她丈夫不告而别，留下她和两个待哺的孩子。

22岁的她先是惆怅了一阵，但看看孩子，她又毅然选择了向前，她相信，只要自己肯努力，一定会摆脱困境。就这样，她带着孩子来到了加州，去了一家墨西哥餐馆里打工，虽然工钱不多，但她还是尽量节约，因为她还有一个梦，那

第四章 生命所有的可能性：真正的自信就是一种睿智 ZHUAN GUO WAN JIU SHI XING FU

就是开一家墨西哥小吃店，专卖墨西哥肉饼。

有一天，她拿着辛苦攒下来的一笔钱，跑到银行向经理申请贷款，她说："我想买下一间房子，经营墨西哥小吃。如果你肯贷款给我，那么我的愿望就能够实现。"

一个陌生的外地女人，没有财产抵押，没有担保人。她自己也不知能否成功。但幸运的是，银行家佩服她的胆识，决定冒险资助。

她25岁起经营自己的墨西哥肉饼店，经过15年的努力，这间小吃店扩展成为全美最大的墨西哥食品连锁经营店。这个女人就是拉梦娜·巴努宜洛斯，她后来担任过美国财政部长。

这是一份自信带来的成功。自信使她白手起家寻求生路，自信使她有了胆量，自信也给她带来了机会和财富。任何人都会成功，只要你肯定自己、相信自己一定会成功，那么你就能如愿以偿。

古人曾说："哀莫大于心死，而身死次之。"没有自信的女人是很难成功的，就像没有脊梁骨的人无法站得挺直一样。但是，当你拥有了自信，你就会敢于挑战生活中的困难，敢于超越困境，走向成功的人生。

第五章
职场里：
找准自己的位置

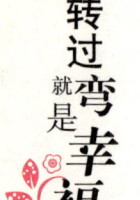

不要用冷眼看同事

上班等于进入永无休止的人际战场,你既不能输,输了没前途,又不能赢,赢了就有可能丧失和谐的友谊。上班最难的是处理同事间的复杂关系,脑冷心热,十分关键。

台湾省经济学家高希均教授提出"冷静的脑,温暖的心"这一观念,曾广为流传。的确,脑冷则有理性,心热则有感性,理性与感性缺一不可。上班族,心不能冷,否则淡泊一切,如何工作?脑不能热,否则乱了方向,做事常做错。

对于上班族而言,既已选择了走上这条工作之路,既然选择了这家公司,就得带着热情工作。《热情生活》一书提到:"热情生活不是口号,而是最快乐的人所具有的生活态度,如此才能拥有光芒四射的璀璨人生。"

然而,也有人提醒我们:"人生的风景,需要我们用热心、以冷眼,横看成岭侧成峰!"刘墉的畅销书《冷眼看人生》写了许多为人处世的故事,每个故事似乎都很无奈,透露出丑陋也是真实人生的一部分。上班族往往都能从字里行间看到类似自己公司残酷写实的一面。

刚进就业市场的新人,都怀着满腔热情,然而,这份热情很快就被冷酷的现实击垮,变得心灰意冷。

心灰意冷的原因,不一定是工作不顺利,而是人际的问题。你的公司内恐怕也会出现以下的人际症状,让你心寒。

(1)勾心斗角,争权夺利。

(2)诽、毁、诬、陷,随处可见。

(3)自己人互扯后腿。

(4)张冠李戴,嫁祸于你。

(5)对方设下圈套害你吃亏上当。

(6)捏造伪造不利于你的证据。

(7)捕风捉影,散布谣言。

(8)旁敲侧击,笑里藏刀。

(9)在你和好友间制造是非。

(10)在你和上司间挑拨离间。

这些常见的现象,使许多人在人际交往中遇挫。不少上班族不得不明哲保身,"冷眼"看工作中的伙伴,免得自己吃亏上当;"冷漠"应付同事,免得太熟悉了,什么秘密都被对方知道;"冷淡"处理办公室的社交活动。渐渐地,也就被大家"冷落",坐了"冷板凳",对别人自然"冷酷"。

听到同事"冷嘲热讽"和"冷言冷语",是最难受的事,被"放冷箭",更是气人。孟郊有首诗:"冷箭何处来? 棘针风骚劳。"描述冷箭如针刺人,真是让人坐立难安。

但是,大家冷来冷去,形同路人,如何能一起工作呢? 如何能执行同一任务? 这对做事不利。更何况,大家冷漠相对,办公室成了"冷冻库",零摄氏度以下的温度谁待得住? 这是对自己不利。面对这么多不利,一定要想想办法去解决。

解决的方法当然不能再依赖"冷",光靠"温"也是不够的,而需更多的"热"。热的心是首要,对工作、对同事都积极。热的态度,如关心同事,见面打招呼,买些小东西,参加大伙活动,写些小卡片……都是方法。此外,不苛责、不强求、不批评、不论断、不说长道短、不袖手旁观……都有助于改善冰冷的气氛。

与同事保持适当的距离

有句话说得好,距离产生美。不要认为人与人之间的距离越近,关系就越深。作为女性,在办公室里与同事相处,太远了当然不好,人家会认为你不合群、孤僻、不易交往;太近了也不好,容易让别人说闲话,而且也容易令上司误解,认为你是在搞小圈子。所以,若即若离的同事关系,才是最难得和最理想的。

虽有人谓"好朋友最好不要在工作上合作",但大家都是在外面求发展,聚在一起工作并不奇怪。如果某天,公司来了一位新同事,他不是别人,正是你的好友,而且,他将会成为你的搭档。上司将他交托与你,你首先要做的便是向他介绍公司的架构、分工和其他制度。如果在接待他时你战战兢兢,未免太敏感了。不如放轻松点,就当他是普通的同事吧。

总之,大前提是要做到公私分明。记住,在公司里,他是你的搭档,你俩必须精诚合作,才可以创造良好的工作效果。假如他是新人,许多地方是需要你提示的,这时你就是扮演老师的角色,当然切记不能颐指气使,更不应倚老卖老,引起他人反感。

私底下,你俩十分了解对方,也很关心对方,但这些表现最好在下班后再表达吧!跟往常一样,你俩可以一起去逛街、闲谈、买东西、打球,完全没有分别。只是,奉劝你一句,闲暇时,以少提公事为妙,难道你一天八小时工作还不够吗?

矛盾通常是在交往中形成的。只有互不往来的人才有可能没有矛盾。事实上,你与同事相处得越密切,越有可能出现意见不和的情况,那么就越有可

能产生矛盾。与同事过度亲近会碰到很多繁琐的生活小节,而自己总会有做得不够圆满的地方。要知道对于一个人的优点别人也许不会太过留意,但是对于别人的缺点却印象深刻。因而你一旦有做得不够完美的地方,只会容易让你的同事厌倦。另外,每个人都不是圣人,都有弱点、有能力不足的时候,在与同事频繁的接触中,你性格上的弱点和能力的不足也早就被同事摸透了。对同事来说,你就像一张透明的底片,一览无余地暴露在他的眼皮之下。所以,在与同事交往的过程中,要保持一定的距离,该方则方,该圆则圆。

现在许多公司都有欢迎新同事和欢送旧同事的习惯,身在其间的你,是否应热烈支持这些活动?

举行欢迎会的目的是联络感情,欢送会则表示合作愉快或感谢过去的帮忙。所以,前者你不必一定出席,除非你的工作岗位是公关部或人事部。至于后者,就比较复杂,你得认真衡量一下。如果是毫无交情的,可以不必参加聚会,但送一张慰问卡是必要的,那是礼貌,也表示对他的关心,何况他日你们或许还有机会共事。要是常常接触的,但交情普通,则在公在私也该出席聚会,以显示出你确实欣赏和不舍得对方,分手时,最好表示你的祝福。若对方是你的助手或更亲密的搭档,最理想的是既参加大伙儿的聚会,又私下请对方吃一顿午饭,或是送一点纪念品,以表示你的感谢和友情。

假如你平时一直都努力不懈地工作,在短短的几年间,步步高升,事业可说是一帆风顺。有几位跟你一同起步的同事,限于能力和机遇,至今仍保持多年前的原状。这时,如果处理不好与他们的关系,工作中就可能出现不合作的事情。所以,作为提升者的你,尤其要注意这种特殊时期的"上下级"关系。

(1)不能摆任何架子。提升前毕竟曾与同事们一起玩,一起就餐,一起谈天说地,所以提升后不能显出高人一等的样子。在工作中尽量用商议的口气,如"你看,这样办是不是更好",生活中尽可能嘘寒问暖。这样做同事们不但不会因此"小看"你,而且,还会产生佩服之情,心甘情愿地让你领导。只有这样,你的工作才能在他们的支持下顺利进展。

(2)不搞暗箱操作。当与同事们意见不一致、不能达成共识时,要摒弃那种背后"嘀咕"的不明智的做法,可以把引起争议的敏感问题巧妙地让大家讨论,看看同事的结论与自己的意见究竟不同在哪个环节上,让同事们产生"大

家参与,备受重视"的感觉,再努力诱导同事们去实现自己决定的事情。

(3)荣誉要给同事,过失自己来扛。工作中一旦有了成绩,要懂得利益共享的原则。虽然上级领导会把功劳归结到你"领导有方"上面,但真正实干苦干的则是下属。所以,在分配奖金、住房、提薪等问题上,要与对工作的贡献相挂钩,让你的部下感到乐意在你这儿"当兵"。但当工作有了问题时,做领导的就应该主动担当。这样,同事们的积极性才能被充分调动起来,才不会产生对你的"不满"。见荣誉让、见问题上,你自然就会得到昔日同事们的拥戴和赞扬。

你还应当学会体谅别人。不论职位高低,每个人都有自己的工作范围和责任,所以在权力上,切莫喧宾夺主。不过记着永远不说"这不是我分内的事"这类的话,过于泾渭分明,只会搞坏同事间的关系。在筹备一个任务前,谦虚地问领导"我们希望得到些什么?"、"要任务顺利完成,我们应该在现有条件下做些什么?"等等。

此外,永远不要在背后说人长短。比较小气和好奇心重的人,聚在一起就难免说东家长西家短,成熟的你切忌加入他们一伙。偶尔批评或调笑一些公司以外的人,倒是无伤大雅,但对同事的弱点或私事,保持缄默才是聪明的做法。记住,搞小圈子,有害无益。公私分明亦是重要的一点。同事众多,总有一两个跟你特别投机,私底下成了好朋友也说不定。但无论你职位比他高或低,都不能因为"要好"这个原因,而作出偏袒或恃势。一个公私不分的人,是做不了大事的。更何况,无论是谁都不会喜欢这类人,因为他们不值得去信赖。

人之所以能够从世间的万事万物中感受到和谐之美,全在于他与别人之间保持适当的距离。而与同事交往更应注意保持心理上的安全距离。

总之,只有和同事们保持合适距离,才能成为一个真正受欢迎的人。

会哭的女人才有"饭"吃

成年人用语言交流信息,婴儿用哭声表达意愿。婴儿的哭,不仅仅告诉大人他饿了,更多的时候,是要大人抱他,和他一起玩,让大人爱抚他。哭是婴儿的语言,他以特殊的方式告诉大人,他需要抚爱,需要温暖,需要慰藉。相反,不哭的孩子,大人就很少去关注他,因为他乖、不哭不闹、不让人烦,甚至有时竟让人忽略了他、忘记了他。因此,爱哭的孩子也是被人抚爱最多的孩子。

生活中求人办事,总不可能一帆风顺,要有点"会哭"的功夫。俗话说,伸手不打笑脸人,打"哭成一个泪人"的恳求者更很少有人会做。当然,"眼泪战术"并不一定局限于哭鼻子,凡装成一副可怜样的办法,都属于这种技巧。

通过打动他人恻隐之心赢得帮助,不愧是办事的一种好方法。打动他人的恻隐之心,并不是一件容易的事。当你无计可施时,不妨使用"眼泪战术",这其实是打动他人恻隐之心的最好方法。

某公司曾经用了一年的时间,才解雇一位美丽的领班。其实,想要解雇一位工作人员,并不是说句"你被解雇了"那么简单。

具体经过是这样的:在过去的一年里,人事经理与这位领班谈了四五次,而每次都在尚未进入主题时,领班就早已泣不成声了。也许是她有演戏的天分,但无论怎样,领班的"眼泪战术"的确对这位人事经理产生了影响。每次经理都对公司领导说:"如果必须开除她,你们自己去说吧,我办不到。"就这样,这位领班一直在那家公司做了一年。

俗话说:会哭的孩子有奶吃。同样,这个道理用于女人,会哭的女人有"饭"吃。

转过弯就是幸福 —— 幸福女人要懂得的心理学

放眼看开去,到处都有"会哭的孩子"。在公司里,一样的工作、一样的业绩,会"哭"的人往往会有更好的报酬,因为他一"哭",老板就会知道他的辛苦、他的劳累、他的收入少、他的付出多、他的热情受挫、他的后劲不足,总之老板会被他"哭"得不加薪晋爵不足以平其愤。而再看看那些默默工作、不声不响的人,日复一日,年复一年,好事很难光顾。想想也不难理解,偌大的公司,老板怎么可能会注意到每一个人呢?只会做,不会"哭",谁知道你辛苦?谁知道你劳累?谁知道你对薪水不是很满意?谁知道你时刻想着离开,想去一个更能体现你价值的地方?不知你是否想过,即使去了一个全新的地方,你仍然只是会做不会"哭",结果是不是会一样呢?

侯礼馨女士在华尔街某公司上班后,与她一起被公司录用的年轻同事曼丽,违反公司规定偷偷告诉她,她的薪水仅仅是曼丽的一半。"美国公司很歧视外国人。"她友善地说。侯礼馨几乎要气疯了,于是她跟老板们据理力争。她对大老板说:"你也许不完全知道,与我一起应聘来的员工都无经验。而且这三个月以来,我的成绩最大,一共完成三个项目,其中一个是独立完成的,给公司创汇七万多美元,但被人抢了功。这,您知道!"她加重语气:"而且大家有目共睹,我是多么努力,我的上司根本没有耐心教我任何专业知识,却把我的成绩当做他个人的功劳,在公司获取最高的待遇。在这种情况下,我的薪水还要少于他人,这很难让我接受。我相信,这也难以让您接受。如果谁因为我的种族而欺侮我、歧视我,我一定和他拼到底!"她说着说着,情不自禁地掉下了眼泪:"如果我是你们家庭的一个成员,你们的小妹妹,你们会这样待我吗?"最终,侯礼馨得到了公司的道歉卡,同时加薪50%,并补足原来的薪水。后来,大老板告诉她,加薪的主要原因是因为她能"舍命"维护自己的权益。"一个能维护自身权益的人,就一定能维护公司的权益。"老板说。

侯礼馨身在美国,观念和文化与中国有差异,但道理却是一样的。该出手时就出手,大胆地"索取",与"先付出,后得到"并不矛盾,这是勇气、信心与实力的表现。有些时候,不"索取"就得不到,"索取"就能得到,更要如此。

获得同情心不是非采用眼泪战术不可,但流眼泪是最好的方法之一。

用眼泪去泡,不仅要能泡,还要会泡。换言之,泡不是消极地耗时间,也不是硬和人家耍无赖,而是要善于采取积极的行动影响对方、感化对方,促使事态向好的方向转化。

　　生活中有些人脸皮太薄,自尊心太强,经不住人家首次拒绝的打击。只要前进一受阻,他们就感到羞辱气恼,要么与人争吵闹崩,要么拂袖而去,再不回头。看起来这种人很有几分"骨气",其实这是过分脆弱的自尊,只顾面子而不想达到目的,于事业无益。

　　我们在求人时,既要有自尊,又不要过分自尊。为了达到交际目的,有时脸皮不妨厚一点,碰个钉子,脸不红、心不跳,不气不恼,照样微笑着与人周旋。只要还有一丝希望就要全力争取,不达目的决不罢休。

心不专,事不成

　　在你的身边肯定有许多庸人,你仔细想过没有,他们为什么会学无专长、一生碌碌无为?仔细观察,你会发现庸人的突出缺点就是难以专心致志。他们做任何事情都不能竭尽全力,于是就像凿井,他们花了许多时间和精力开凿许多浅井,却不会花同样的时间和精力去凿一口深井,所以,他们最终喝不到最甘甜的井水。

　　有一个很有名望的主教正在花园中虔诚地祷告。此时,一名心慌意乱的侍女跑过来,焦急地寻找她丢失的孩子。

　　由于心焦情切,她并没有注意到跪在那里祈祷的主教,结果在他身上绊了一跤后,半句道歉的话也未说,就往前走了。

　　主教经她一踩,心中颇为恼怒。就在他祈祷完时,侍女找到了小孩,高高兴兴地走回来。一看到主教满面怒容地站在那里,她吃了一惊,也大为惶恐。

　　主教生气地说:"你可不可以解释一下刚才的行为?"

侍女回答说："对不起,主教,我刚才一心惦念着孩子的安危,所以没有注意到您在那里。当时,您不是正在祈祷吗?您所祈祷的对象,不是比我的孩子还要珍贵千万倍吗?您怎么还会注意到我呢?"

主教低头不语。

有人曾说:"凡办事皆须神情贯注。若心有二用,则不能有成。"这句简单的话是否提醒了你,你做事够不够专注?一个专注的人,必然不易被周围的事物所分心。一个下定决心的人,必定也是一个在各方面都成功的人。你要是做过凸透镜聚焦的实验,一定知道,酷暑的阳光,不足以使火柴自燃;而用凸透镜将光聚为一点,即使是冬日的阳光,也能使火柴和纸张燃烧。随着科学的发展,人们又进一步把柔和似水的光汇集一束,这就成了无坚不摧的激光武器。

一个人的精力和时间本来是很有限的,在这种情况下,如果选不准目标,到处乱闯,几年的时间会一晃而过。如果想取得突破性的进展,就该像学打靶一样,迅速瞄准目标;像激光一样,把精力聚为一束。

专心的人很虔诚,对于自己所钟情的东西有一份发自内心的兴趣,为了这份兴趣,外界许多事情可以忽略,而沉浸在自己的世界里。这绝不是冷漠,不是因为讨厌外部环境而退隐到自己构筑的城堡之中。而是因为一种极大的热忱被集中到了一个地方。

专心的人很执著,在条件许可的情况下,专心的人从不主动放弃成功的机会,他会坚持到底。这决不是固执,一条道路走到黑,确定的目标一旦失去意义,固执与执著的区别就在于是否死抱着不放。专心不是一味死守。

专心的人不固执于一物或一念,从不介意从各种事物身上了解专注对象,为了钟爱的事物,专心的人愿意了解学习更多的东西。

一个人只要专心做一件事,全身心投入,积极完成它,永远不会感到筋疲力尽。不把自己的思路转到别的事情上去,专心于手头的事,就是效率和成功的保证。为了保证你的效率,必须学会如何拒绝那些耗尽你精力的活动和事情,不要超前、不要落后,准确地把握现在、融入现在,不要一味痴想未来。一次只专注于一件事,成功就是你的。

邓亚萍在我国乒坛乃至世界乒坛上,已是名声大噪,堪称"大姐大"。从她1986年13岁那年拿到第一个全国乒乓球锦标赛的冠军开始,到1997年5月

的第四十四届世界乒乓球锦标赛,在短短的 11 年间,她一共在各种全国性和世界性乒乓球大赛中拿到 153 个冠军,其中尤其从 1989 年入选国家队到 1997 年的第四十四届世界乒乓球锦标赛这 9 年的历史最为辉煌,仅在级别最高的奥运会、世界杯赛和世界锦标赛这三大比赛中,就独自一人获得 18 块含金量极高的金牌,并且还是国际体坛上唯一一个曾三次接受国际奥委会前任主席萨马兰奇为其亲自授奖的运动员。这不但在中国乒坛,而且在世界乒坛史上都写下了光彩的一页。

对于邓亚萍的成长之路,可以说是坎坎坷坷,历尽磨难。她 4 岁多时便表现出了一个"铁娃"的本色,平时拼拼打打从不哭闹,并且玩什么都格外专注。这被在河南郑州市体委任乒乓球教练的父亲看在眼里,喜在心头,认定这是一块搞体育的好料。于是,父亲便"就地取材",精心地培养自己的爱女。

一晃 5 年过去了,邓亚萍在父亲的调教下,球技已达到一定水平。为使她能得到更多的培养,父亲将她送到河南省乒乓球队去深造。然而,去后不久,便被退了回来,理由是邓亚萍个儿矮、手臂短,没有发展前途。在父亲的鼓励下,倔强的邓亚萍并未因此一蹶不振,相反却练得更加刻苦,并发誓有朝一日一定要拼出个样子来。

机遇终于来了。1986 年是邓亚萍人生出现重大转折的一年。

那一年,年仅 13 岁的她,临时顶替河南省代表队一名生病的运动员参加全国乒乓球锦标赛。赛前教练们对她并不抱有什么期望,要她顶替上场纯粹是为了不使该队弃权。出人意料的是,这个名不见经传的矮个姑娘竟然接连击败了耿丽娟、陈静等在当时很有名气的国手,一举登上了冠军宝座,爆出了此届乒乓球赛的最大冷门,她因此成为一匹引人注目的黑马。

赛后,这位差点被判为无发展前途"死刑"的小姑娘,成了当时国家乒乓球队副教练、女队主教练张燮林手下的又一位女弟子。从此,邓亚萍在中国体坛的圣殿里将她那股在逆境中练就的"铁娃"本性表现得淋漓尽致,其运动水平大大提高,经过各类大赛的历练,最终登上国际乒坛女霸主的宝座。

从邓亚萍人生发展的崎岖道路中,我们可以看出:对绝大多数人来讲,成才之路都是崎岖坎坷且布满荆棘的。虽然有成功的光环在前方召唤,但追求成功的过程却是艰难的。好比在波涛中前行的航船,前方虽有光明的灯塔,但

第五章 职场里:找准自己的位置 ZHUAN GUO WAN JIU SHI XING FU

通往灯塔之路却随时会出现旋涡、暗礁,会有抛锚停船甚至船翻人落水的危险,但只要你能专心专意去做一件事,并且全力以赴,坚持不懈,成功一定是属于你的。

当阳光洒落在我们身上时,我们只会感到温暖;而当它穿过凸透镜迎面而来时,却变得犀利不可直视。一个用心不专的人往往一事无成;而当一个人把他所有的精力凝缩成一点时,他会成为一把所向披靡的利刃,战无不胜。

人的思想是了不起的,只要专注于某一项事业,就一定会做出连自己也感到吃惊的成绩。再脆弱的人,只要把全部精力集中倾注在唯一的目标上,必能有所成就。

 切莫"吃独食"

俗话说,有福同享,有难同担。当人在工作和事业上取得些成绩,小有成就时,当然是值得庆贺的。但是有一点,如果赢得这一点成绩是大家集体的功劳,那你千万别把功劳据为己有,否则他人会觉得你好大喜功,抢占了他人的功劳。如果某项成绩的取得确实是你个人的努力,当然应该值得高兴,而且也会得到别人的祝贺,但你自己一定要明白,千万别高兴得过了头。一方面可能会伤害有些人的自尊心,另一方面,现实社会中害"红眼病"的人不少,如果你过分狂喜,岂不是在逼人家眼红吗?

当你在工作上有特别表现而受到别人肯定时,千万要记住一点——别"吃独食",否则这份荣耀会给你的人际关系带来障碍。

当你获得荣耀时,应该做到以下几点。

(1)与人分享。即使是口头上的感谢也算是与他人分享,而且你也可以让

更多的人和你一起分享,当然别人倒并不是非得要分你一杯羹,但你主动与人分享,这让旁人觉得自己受到尊重。如果你的荣耀事实上是众人协力完成的,那你更不应该忘记这一点。

(2)感谢他人。要感谢同仁的协助,不要认为都是自己一个人的功劳。现代社会要求团队精神,做事需大家合作。

(3)为人谦卑。有些女人往往一旦获得荣耀,就容易忘乎所以,并从此自我膨胀。这种心情是可以理解的,但旁人就遭殃了,他们要忍受你的嚣张,却又不敢出声,因为此时你春风得意。可是慢慢地,他们会在工作上有意无意地让你为难,让你碰钉子。因此有了荣耀时,要更加谦卑。不卑不亢不容易,但"卑"绝对胜过"亢",就算"卑"得过分也没关系,别人看到你如此谦卑,当然不会找你麻烦、和你作对了。

因此,当你获得荣耀时,一定要记住以上几点。如果你习惯了独享荣耀,那么总有一天你会独吞苦果!

林帆被老板叫到办公室去了,她领导的团队又为公司的项目开发作出了突出贡献。送茶进去的秘书出来后告诉大家,老板正在拼命地夸林帆,她从来没见过老板那样夸一个人,研发小组的几个人脸沉了下来:"凭什么呀!那并不是她一个人的功劳!""对呀!为了这个项目,我们连续加了17天的班!"正在这时,老板和林帆来到了大厅。"伙计们,干得好!"老板把赞赏的目光投向几个组员,"林部长向我夸赞了你们所付出的努力!听说有两个还带病加班,是吗?真诚地谢谢你们!这个月你们可以拿到三倍的奖金!"老板话音刚落,几个同事就冲过去拥住林帆一起欢呼起来,并表示以后会跟着林部长,为公司继续努力工作!

懂得分享的女人,才能拥有一切;自私狭隘的女人,终将被人抛弃。无论是工作中还是生活中,我们都要摈弃自私狭隘的习惯,否则我们就会伤害到自己。

美国前国务卿奥尔布赖特十多年前是BON电影公司的公关部经理。她面临着巨大的职业挑战,同时又必须面对许多现实的问题,像人际关系、家庭生活的和谐等,但她巧妙地使这些烦琐的事情顺畅起来。

比如,她的下属总会在某一个繁忙的下午突然收到一张上面写着诸如"你

辛苦啦"、"你干得非常出色"之类的小卡片，或一张精致典雅的卡片。而在她丈夫生日的那一天，她总会努力举办一个小型家庭舞会，而且是一个人事先布置好。就这样，在繁忙工作的间隙，她并没有花太多的时间，却给他人送去了一份又一份快乐。

她对这一做法，饶有兴趣地解释说："大家生活、工作的节奏都那么快，大部分人都忘了一些最基本的问候，都认为这些是无足轻重的小细节。其实正是这些细小的方面使人与人之间的情感变得不那么紧张，那我就想：为什么我不能做得更好些呢？"

她又说："一份小小的问候就能体现出一个人的真挚和诚意，使他人感到温暖。人与人之间渴望沟通和交流，而这些细小的方面是最能体现出你的那一份心意的，这是对我个人形象、风度的一个最佳传播。当他们看到那张张卡片的时候，就一定会想起我，而且在他们心中隐含着对我的那一份谢意，会使他们更认为我是一个完美无缺的人，他们总会想到我好的地方，不会注意我的缺陷。"

 ## 别做流言的传播者

现实生活中有一种人，特别喜欢推波助澜，把别人的隐私编得有声有色，夸大其词地逢人就说。人世间不知有多少悲剧由此而生。偶然谈论别人的隐私，也许你无意中就为别人种下了祸患的幼苗，其不良后果并非你所能预料得到的。

要是有人向你谈及某人的隐私，你唯一的做法应该是，像保守你自己的秘密一样为人保密，不可做"传声筒"，并且不要相信这片面之词，更不必记在心上。说一个坏人的好处,旁人听了最多认为你是无知;把一个好人说坏了,人们就会觉得你存心不良。

人们常说,女人最爱谈论别人是非,如果你茶余饭后要找谈资,那天上的星河、地上的花草,无一不是好话题,真是不必一定要说东家长、西家短才能消遣时间。

要是同事能将自己的隐私告诉你,那说明你们之间的友谊肯定很深,否则她不会将自己的隐私向你全盘托出。

要是同事在别人嘴里听到自己的秘密被曝光,不用说,她肯定认为是你出卖了她。被出卖的同事肯定会在心里不止千遍地骂你,并为以前的付出和信任感到后悔。因此,不随意泄露个人隐私,是巩固职业友情的基本要求,如果这一点做不好,恐怕没有哪个同事敢和你推心置腹。

不要过分关心并谈论他人的隐私。敏感和细腻是女性的特质,运用得当,会为自己的人际关系起到润滑的作用;可若过于主动介入同事的隐私并加以评点,就会引起人们的厌恶感,把你同"长舌妇"等同起来,这岂不冤枉?

尊重隐私,就是尊重人,每个人都应该把主要精力用在关心自己的发展、社会的发展上,而不要把兴趣放在他人的隐私上。尊重隐私,就意味着一个人的行动要自重。因为隐私绝不意味着不要规范地随心所欲,绝不意味着不要党纪、不要法纪、不要政纪的胡作非为。若一个人以尊重隐私为幌子,处处与社会唱反调,处处与社会公德过不去,做一些缺德违法的事,那么,这种个人的"自由"还是要被管的。

有位小姐今年 26 岁,在一家金融单位工作。她性格开朗,很是热情,在单位人称"宇宙广播站",上上下下没有她不说的事。

一天,单位的一位女同事无意中与她说讨厌单位的某某领导。她没有多久就传播说这位女同事受到了某某领导的性骚扰,闹得全单位人心惶惶,关系都很紧张。

某某领导被上级纪检部门找去谈话,她把话传播出去,说领导有严重问题,要被判刑了。

一位女同事哭着来上班,大家都忙着工作,而她便马上凑上去打听。那位女同事数落了丈夫一大堆的不是,讲了婆婆的很多坏话。她听了以后,传播说

是因为那女同事丈夫有外遇问题，气得该女同事与她几天不说话。

单位的一个女同事辞职了，她听了大家的议论，不假思考，没轻没重地传播了很多花絮，涉及单位的很多人和事，闹得大家对她意见很大。现在她一上班，单位的人都离她远远的，没有人与她交流。单位没有说话的机会了，她就在家里"乱传播"，闹得家里亲戚关系紧张起来，丈夫也气得不爱与她说话了。

这位小姐造谣的地方，都会被闹得鸡犬不宁，对一些一知半解的消息妄加主观判断，到处传播，使得被她说过的人都惨遭"不测"，而她也成了名副其实的"乌鸦嘴"。

每个人都有不想让大家知道的事情，也就是说每个人都有自己的隐私。与人相处时，要极力避免谈论别人的隐私，否则就会使得你人格低下，显得缺乏修养，甚至破坏你与他人的和睦关系。

避免谈论别人的隐私，一是不可在谈话中拐弯抹角地刺探别人的隐私，二是不可知道了别人的一点点隐私就到处宣扬。宇宙之大，谈资无所不有，何必非要以他人的隐私当做谈资而后快呢？

对待别人的隐私，切忌人云亦云，以讹传讹。首先要明白，你所知道的关于别人的事情不一定确凿无疑，也许另外还有许多隐情你不了解。要是你不假思考就把所听到的片面之言宣扬出去，难免不颠倒是非、混淆黑白。话说出口就收不回来，事后你完全明白了真相时才后悔不迭，但此时已经在周围造成了不良的影响。

事实上，人与人之间的关系相当复杂，如果不知内幕，就不可信口雌黄，以免招惹是非。

 **退一步海阔天空**

生活中总有些女人为了小事斤斤计较，进而得理不饶人，不仅自己惹一肚子火，还失去了平日里关系不错的朋友。为人豁达一点、退后一步，大家都快乐，何乐而不为呢？

刘丽是位自尊心很强的女孩，但她却跟几位"没规矩"的人做了同事。这些人举止随便，嘻嘻哈哈，刘丽很看不惯他们的行为。

一次，天正下着雨，一位女同事想出去办点事，拎起刘丽的伞就走。

刘丽心想："怎么招呼也不打就拿人家的东西，太欺负人了！"她勉强忍住怒气说："你好像拿错了伞吧？"女同事大大咧咧地回答："我忘了带伞，只好借你的用一下。""你好像没跟我说'借'字。""哎哟，还用得着说'借'字吗？我的东西还不是谁爱用就用？"刘丽冷冷地说："借我的东西就得说'借'，我不同意，谁也不准拿！"没想到，这件小事使刘丽的处境发生了很大的改变，那几位同事再也不愿意理她，不知情的领导经常提醒她注意搞好同事关系，根本不听她的解释。刘丽常常愤愤不平地想："我只不过是为了维护自己的权利，难道这也错了吗？"

在工作和生活中，我们随时都会遇到一些人，他们说了对不起自己的话或做了对不起自己的事，这时，我们应当针锋相对、以怨报怨，还是宽容为怀、原谅别人？

人生好比行路，总会遇到道路狭窄的地方。每当此时，最好停下来，让别人先行一步。如果心中常有这种想法，人生就不会有那么多抱怨了。即使终身让步，也不过百步而已，能对人生造成多大影响呢？你经常让人一步，别人

心存感激,也会让你一步,一条小路对你来说也是平坦大道。你事事不肯让人,别人心怀怨恨,就会设法阻碍你、伤害你,即使一条大路,对你来说也充满险阻。人与人之间往往是心与心的交往,诚心换来的是真情,坏心换来的是歹意。

有时候,本无存心伤人之意,却可能因为一句无意的话伤害别人,甚至可能为自己树立一个敌人。在处理人际关系时,说话一定要谨慎小心,不要因为一句话而给自己引来祸患。

无论如何,幸福不是无缘无故从天上掉下来的,它是靠一个人用心积累的。该让步的时候就让一步,退一步海阔天空。但是,如果遇到必须取胜、无法让步的事,又该怎么做呢?那也要给别人留一点余地,比如与人争辩,以严密的辩论将对方驳倒固然令人高兴,但也没必要将对方批驳得体无完肤。这样做不但对自己毫无好处,甚至会自食其果,遭到对方的反击。当你和他人发生摩擦时,首先要了解他人的想法,然后在顾及对方颜面的前提之下,陈述自己的意见,给对方留有余地。这一点在处理人际关系时非常重要,对女人来说价值就更高了。

 刻薄的言语伤人心

尖酸刻薄型的女人,是在任何交际圈里都不受欢迎的人。她的特点是和别人争执时往往挖人隐私不留余地,同时冷嘲热讽无所不至,令对方自尊心受损,颜面尽失。

这种女人平常以取笑、挖苦别人为乐。你被老板批评了,她会说:"这是老天有眼,罪有应得。"你和老公吵架了,她会说:"一个巴掌拍不响,两个都不是

好东西。"你纠正了别人一个错误,被她知道了,她也会说:"有人恶霸,有人天生贱骨头,这是什么世界?"

尖酸刻薄型的女人,天生得理不饶人,尖牙利嘴。由于她的"言语犀利",因此基本没有什么朋友。她之所以能够生存,是因为别人懒得理她。但如果有一天别人忍无可忍了,她的下场便可想而知了。

做老实人说老实话,本来应该是一条为人处世的准则,但若一味地老实宽厚,反倒会迁就纵容别人不适当的言行,所以,面对别人的无礼攻击和嘲笑挖苦,我们一定要学会适当地反击,维护自己的利益和尊严。

玛莉亚是一位著名的作家,有一次应邀去参加一个音乐会。可是,音乐会的节目演出不久,她就厌烦地用双手捂着耳朵,打起瞌睡来。女主人见她这样感到奇怪,推了她一下,问:"夫人,你不喜欢音乐吗?"

她摇了摇头:"这种低级轻佻的音乐有什么好听的?"

"啊?"女主人惊叫起来,"你说什么?这里演奏的都是流行乐曲呀!"

"难道流行的东西就是高尚的吗?"

女主人反问:"不高尚的东西怎么会流行呢?"

玛莉亚笑道:"那么,流行感冒也是高尚的吗?"

面对女主人错误的论断,玛莉亚使用了归谬法这个逻辑武器,直言不讳地一语道破,不含糊,也不回避,反驳简洁有力,言之有据,因为她主旨明确。

假如朋友或同事在公开场合责备你,而情况又不属实,一定使人难堪。你可以心平气和地直言:"我们是否私下谈谈这个问题?我要求你把情况搞清楚了再说话。如果你不注意尊重事实,那我以后很难再信赖你。"倘若是你的亲友无故责怪你,你就明确地说:"你已经让我难堪了,但你总该告诉我这都是为了什么吧?我什么地方把你得罪了?"当然,假若做错了什么事,哪怕不是有意的,也要诚恳道歉。

正如故事中的女主人的言辞一样,语言是引起风波的罪魁祸首。短短的一句话,能使你的职场生涯步履维艰,能使姻缘断绝,能使友情破裂。语言的威力可谓惊人,如若语言含有毒物,它可以毁灭人生;如若语言含有芳香,它可以愉悦生命。

语言的伤害力我们不可小视,随口说的一句话可能给人以巨大的创伤,或

第五章 职场里:找准自己的位置

者使人痛苦不堪。语言不是枪或刀等利器,但残忍的言语比利器还要厉害,它会抹杀人的精神,给人留下无法磨灭的心灵创伤。肉体的伤害容易愈合,但精神的创伤却难以抚平。

不要取笑或言语伤人,说者无心,听者未必无意。和气之道、避祸之道表现的是言语的和气。智者的过人之处就是能用很少的话语,使人明白很多的事情。愚者则相反,他们的本事是滔滔不绝地说废话,甚至用最犀利的语言获得快感。仔细想想,真的没必要这样。

轻视领导,会自毁前程

"没本事的人才去巴结领导呢,我靠本事吃饭,他能拿我怎么样?"有上述这种想法的人,多半是有"两下子"的人。应该说,这种想法本身并没有什么错,但是它容易把人往一个错误的方向引导:领导是我的对立面,我有真才实学,和他对着干也没什么大不了的,而且还能在同事面前显出我的性格和本事。

任何组织机构都须有严格的等级存在,这是其得以有效运转的基础和必要条件,相应的也就必须有各级领导的存在。不论这些领导是如何处于这些位置上的,也许他真的是能力出众,也许他擅长组织和协调……但无论如何,有一点你必须承认:他有指挥你的权力,并会对你的发展构成正面或负面的影响。

除去极为优秀或个别的领导以外,大多数领导喜欢对自己的下属发号施令。这不但是上下级组织的必然要求,也是领导履行职责、达到预定目标的前提保障。很多领导还认为自己比下级优秀,在潜意识中有很强的优越感等。

在这些领导的心目中,领导的尊严是至高无上的,也是最为敏感和脆弱的,如果下级让这些领导下不了台、面子难堪,他们是绝不会容忍和谅解你的。

同领导冲撞对抗一般会有两种后果。

首先,不利于工作的开展。上下级的不团结、不协调势必会影响到工作的顺利进行,而一旦工作中出现问题,领导就会顺势将这些责任推到你的头上。

其次,对个人的发展极为不利。你的冲撞或傲慢会使领导觉得尊严受到极大的损害,会对你产生极大的敌意,即使当时能够克制,以后也会千方百计地与你过不去。尽管你有才华,但也很难有用武之地。

天才不会被埋没,但被埋没的人才多的是,尤其是这些恃才傲上者。为什么呢?

一是恃才傲上者往往看不起领导的能力,对其命令更是百般挑剔,不愿用心落实,敷衍了事。这种人存在于组织之中,势必涣散人心,瓦解斗志,为领导所不容,加之其过分聪明又爱卖弄,领导亦不会交给其重要任务。此类人往往最后会陷入孤独,觉得周围干得好的同事也只是同领导搞关系而已,结果与同事们的关系也搞不好。

再说,这些原本有些才华的人,因其傲上的缺点,往往得不到施展、锻炼才干的机会,反而多陷入人事纠纷的内斗中,渐渐地爱业、敬业之心日益减少,才华逐渐被埋没、消失。

有才华是好事,但切不可因为这点才华而毁了自己一生的前程,历史上这类的例子很多。所以,推销自我,给自己创造良好的施展才华的环境也是一项不可或缺的才华。

在单位做事,要尽可能地看到领导、同事的优点,谦和地处世待人,这样大家才会帮助你。再者,不论领导如何,要对事不对人,用心把自己的工作做好,即使领导水平低或是做出了错误决策,你也可以在适当的时候以合适的方式提出自己的意见,以工作大局为重,而不是一味地顶撞、不合作。只有如此,你的才华才会被各级领导以及周围同事认可,并在工作中干出成绩来。

第五章 职场里:找准自己的位置 ZHUAN GUO WAN JIU SHI XING FU

过度逞强还不如适度示弱

在如今这个时代,时时要求成功、处处强调竞争,本来爱拼搏之人,就愈发地呈现出一种强势;而不爱拼搏的人,为了显示自己的竞争意识和能力,也变得争强好胜起来。

其实,竞争固然需要,合作却更是必要。虽说商场如战场,但越是进步,人与人之间就越有联合与协作的必要,这时与人相处,更须戒争戒斗,示弱求和。

戒斗是一种修养,而示弱则是人生的艺术。不战而胜、不争而得,这样的结果需要更多的处世技巧,"适度示弱"在其中则扮演着重要角色。

适度示弱,可以使一些善妒者在心理上稍稍平衡,不致翻江倒海危及他人,从而减少给被嫉妒者带来的伤害。

适度示弱,"能而示之不能",故意示"弱"给敌,可以麻痹对手,使敌骄我、轻我,出其不意,攻其不备,获得胜利。

才女作家张爱玲说过:"善于低头的女人,是厉害的女人。"善于低头不是一味低头,而是适度示弱;也并不是无原则的软弱退让、屈膝投降,而是在一定限度内寻求妥协与合作。

聪明优雅的女人都懂得在适当的时候收敛、示弱,因为这才是她们真正立于不败之地的法宝。

原来在总公司工作的阿绮,因能力出众,将被派任到一个下属公司去坐头把交椅。在欢送宴会上,一些平时在一起的好同事、好姐妹纷纷给阿绮支招儿。

有人建议她新官上任的"三把火"一定要烧旺,也有人交代她要舞动"杀威

棒",把总公司的气魄带去,一位从基层一步步升上来的老大姐却只送给她三个字——悠着点。

一年后的一天,阿绮耷拉着脑袋回到总公司的办公室。原来,她在一片恭维声中把"悠着点"这三个字忘了个一干二净,在第一次就职演讲中,她说:"我来自总公司,这次总公司让我下来……"

阿绮犯了一个致命的错误——逞强,为了从心理上击倒人们,阿绮不自觉地以一种强势的姿态出现在众人面前。

逞强在人与人的短期交往中很奏效,但若长期与人共处,过早、过高地向人亮出自己的底牌,人们必然会给你定格过高。

为了不使自己"掉色",你必须在日后与人交往的过程中不断地打出"主牌",以维护自己塑造的形象。

除非你手中的"主牌"层出不穷;否则,其效应极可能是"五、四、三、二、一……",大有"黔驴技穷"之嫌。

示弱可以作为润滑剂广泛地使用于同事、朋友乃至夫妻之间。在许多非原则性的问题上,不妨做个"好好女士",少一些无谓的争辩,这样反而会引导对方主动从自己的角度来思考。

梦珂是一所名校的高才生。在一家大型房地产公司的招聘中,她以靓丽的外貌、咄咄逼人的口才技压群芳,成为公司销售部的业务员。

老板还花钱专门送她和其他的几位"新人"去接受培训。如果上手快,他们以后就会是公司业务的台柱子。

梦珂不仅美丽,人也很聪颖。培训完回公司后,老板让公司"前辈"安大姐带她跑销售。起初,梦珂出于对前辈的尊敬,有了问题,时常会向安大姐请教一下。

待很快进入角色后,她那原本孤傲的性情开始暴露出来。

"安大姐,这么简单的电脑程序你怎么都不会用呀?这是个很小的Case 嘛!"

"大姐,你这套衣服搭配得不协调,客户见了会说我们公司员工缺乏品位。"

"老安,紧缠着客人不妥吧!注意,热情过头有时效果会适得其反啊!"

本来，安大姐对接纳这位美貌的"才女"就心存忧虑，没想到，她这么快就对自己"颐指气使"了。安大姐是那种修养极好的人，表面上虽不动声色，但已经开始对梦珂筑起了一道心理防线。

依仗着自己刚刚建立起来的客户网，梦珂还把自己排斥在那批新人的圈子外。她觉得自己适应能力强、起点高，加之又有了老板对她的器重，她自信能很快地成为老板的左右手。

于是，在自我感觉良好的状态下，梦珂傲视同仁，毫无顾忌地与几乎所有的人争抢客户，锋芒尤盛。其做派和咄咄逼人的竞争架势令新老同事们退避三舍，躲之不及。

果然，在半年总结会上，梦珂销出去的楼盘是最多的，业绩也当然是最突出的。老板对她的能力十分欣赏，有意提拔她当销售部经理。但是，当老板了解下属们对梦珂的评价时，大家要么闪烁其词，要么沉默不语。

但最后发出的共同信息是：他们不会欢迎这位冷美人来当"领头羊"。因为在她的手下干事，肯定有一种芒刺在背的感觉。

老板虽然是说话算数的人，可是不得不考虑大部分人的意见，最终，也只得放弃了提拔梦珂的设想。这样的结果是在梦珂意料之外的，她原以为自己升职是稳操胜券的事。

于是，不解的梦珂找到了老板询问，老板说："你的能力固然是有目共睹的，不过，强势也不必一定要在压倒别人的时候才能显现，须知，如果我们要取得真正意义上的成功，仅仅依赖某个能人的单拼独斗是不够的，必须要靠团队精神和众望所归的凝聚力。"

老板的话是比较委婉的，聪明的梦珂怎么能不明白呢。

这次的失败让梦珂好好地反省了一次：收敛一下傲气，偶尔低一下高傲的头，这样自己的视线才会和大家看到同样的风景，并更能正视自己。

适度示弱，可以减少甚至消除嫉妒，人们对成功者产生嫉妒是一种天性，适度示弱可以将其消极作用降到最低限度。

适度示弱，可以消除人们的仰视心理，促使人们的心理平衡，并可以给人一种实事求是、不虚浮的感觉。

适度示弱，有意让对方看轻自己，这样容易被人们接纳，更容易让自己在

人们原来不高的期待中脱颖而出。

适度示弱，能给人以一种心理平衡，能拉近你与大家的距离，消除你前进道路上的消极障碍，避免"古来圣贤皆寂寞"和"古来才大难为用"的尴尬。

谁都不是万能的，女性朋友们，低下高傲而美丽的头颅，学会适度地示弱吧，适时地承认自己不足的一面，才能在职场上争取到更广阔的发展空间！

女强人的架子端不得

作为一位出色的女主管，你是否听过下属在背地里这样的抱怨——

"她的能力是很不错，人也很漂亮，可是对人像冰山似的，冷得让人心里发憷。"

"她不就是能力强一点吗？那也没必要把别人贬得一无是处啊！"

甚至你手下的男员工还会这样怨声载道："她跟所有的男人都有仇啊，为什么总是对我们一张冷冰冰的脸，真是让人看了就怕的女人！"

当然不是所有的女主管都是不解温柔的冰山。可是在职场上，总是不乏那种做事雷厉风行，平时不苟言笑，对待自己和下属处处苛求的女主管。

虽然她们能够制作出完美无缺的策划；虽然她们的铁腕也使自己能够在竞争中开疆破土，勇往直前，甚至无往不胜；虽然她们的冰颜可以使自己的下属安分守己、如履薄冰。但是她们冰冷的外壳、盛气凌人的架子使她们疏远了自己的团队，使自己变成了空中楼阁或孤家寡人，成了一个无兵可带的将军，一旦硬仗一起，即使她是一位战神，仍会陷于"好汉难敌四手，饿虎害怕群狼"的境地，最后可能会落得一败涂地。

成功的女主管，不是用高高在上的姿态来压服手下众人，也不是用怒喝来

纠正下属的错误。她们虽然非常重视职场的原则，但是在执行原则的过程中，却不缺乏灵活性。

她们熟谙职场纪律的重要，但是在严肃的办公室政治里，却总是不忘注入自己特有的温柔。

她们积极倡导男女平等，但是工作之中，她们不会高呼女权主义，动不动摆出一副不可一世的样子。

成功的女主管，应该是一个自信而不张扬、不霸气的女性。她们超越男人，而不是把男人踩在自己的脚下；是让自己像他们一样在职场上自由舒展、平等竞争，和自己的下属共同缔造一个和谐的团队。

成功的女主管，应该是一个"海纳百川有容乃大"的女性，职场上的工作方式是多种多样的，只要符合工作规则，她们不会对自己的下属指手画脚、说长道短，让他们无法施展自己的所长。

成功的女主管，能够包容别人的习惯，懂得尊重别人的选择，认同别人的工作方式，肯定自己下属的能力，毫不吝啬地夸奖自己的下属。

作为管理者，你端起了架子，就等于拿着一把锋利的"双刃剑"；在处理工作上的问题时，强硬的态度既会伤着别人，也会伤着自己，更会给工作带来不必要的麻烦。

江兰是一家公司的部门经理，在公司之中，素有"冰山美人"之称。因为在她的意识之中，上司和下属之间应该保持一段距离，否则下属会利用你的温柔和仁慈，跟你没大没小，很难管理。而且身为女性主管不严厉些，更容易被男性利用和欺负。

久而久之，她的下属一方面佩服她的冷静、干练，另一方面又十分讨厌她做事的冷硬和霸道，更是没有人敢在没有紧急事情的状况下，去敲她办公室的门，因为没有人喜欢被她的冷言冷语给"冻伤"。

一个新来的女孩，并不熟悉她的工作作风，在做完企划案后，兴冲冲地敲了她办公室的门，其结果是仅仅有些小瑕疵的企划案被她扔给了女孩，并说，没有成型的东西，没必要拿给她这个主管看，她的时间很宝贵，没有时间来收拾垃圾。

女孩哭着跑出了办公室……

结果,她的专制导致了部门内部的业绩下降,上面为她配了一个副手——陈嘉。

新来的陈嘉用女性特有的温柔缓和着办公室冰冷的气氛,但是在工作上,她又处处跟江兰产生争论,让江兰感觉到自己的权威受到了威胁。

在一次加班中,陈嘉问她:"今天为什么要我们集体加班?"

她冷冷地说道:"没有为什么,我是主管,我叫你们加班就得加班,问那么多干什么?"经过几次这样的情形之后,陈嘉觉得在盛气凌人的江兰面前她无法开展工作,于是,她向上级反映了情况。

江兰知道后,十分生气地质问自己的下属,是愿意跟着陈嘉,还是愿意跟着她?下属们没有说话,而是把目光投向了陈嘉。

江兰像一只斗败了的公鸡,垂头丧气地递上了辞呈。

管理者不是单打独斗的江湖侠客,而是一个相互合作的团队的领导人,你盛气凌人、藐视一切,只会令自己陷入孤军奋战的境地。

在一个团队之中,没有绝对的权威,因为每一个人都各有所长,大家只有互补,才能发挥出团队的最大力量,而作为管理者,你如果把自己置于至高无上的地位,你将无法看清自己的真正优势,也丧失了与人合作的基础。团队因此丧失了向心力、凝聚力,你也就丧失了团队的中心位置。冰山式的外表、命令式的说话口气不会使你重新获得管理者的威严,而只会让你的下属跟你背道而驰,越走越远。

办公室是一个人与人相处、人与人协作的地方。而你管理的是一个个有感情、有思想的人,而不是操纵着冷冰冰的机器。

无论什么事情,都拿公司的规章制度生搬硬套,是在为自己跟下属的关系之中设定许多藩篱,虽然减少了"以下犯上"的情况,可是你的办公室却也变成了"一言堂",低气压也会在办公室的上空肆虐低垂,美谋良策、群策群力和凝聚力都将离你而去,那时你再慨叹你的生硬冷酷,已是悔之晚矣。

因此,成功的女性管理者的性格犹如铜钱,应该外圆内方,外表温润如玉,内心却坚如磐石。用自己的"圆",把人文关怀引入自己的管理之中,和谐处理自己与下属的关系;用自己的"方",把握工作原则,照章办事,公私分明。

"得人心者得天下"。作为女主管,一副冷冰冰的面孔倒不如和颜悦色更

令人佩服,更能把下属聚成一块铁板。

你放下架子,赢得了人心,也就赢得了员工的工作激情。而一个始终能够保持激情的团队,是一个能把全部身心投入到工作之中的团队,企业的成功也会由此而来。

别把脾气和眼泪寄存在办公室内

在阐述男人与女人间的不同点时,人们常说的一句话是:女人是感性的,男人是理性的。

这句话虽然有些绝对,但也不无道理。因为无论是在职场上,还是在情场中,大多数的女人在处理事情时似乎总是感性多于理性。

有时,就是因为女人本身的感性,使她们获得了与男人不一样的灵感和收获;然而,当女人不合时宜地表现出过分的感性时,就变成了一种情绪化的反应,不仅会让周围的人无所适从,亦会对其自身造成不可避免的损失。

其实,红男绿女生存于现实中,压力可谓无处不在。即使没有压力,坏情绪也会不分时间、地点、人物、事件地忽然而来。所以,无论男女都会有发脾气、掉眼泪的时候,这本无可厚非。

但是,在大多数情况下,相对于男人而言,女人似乎更容易"闹情绪"。

在无形之中,职场似乎成了女人的情绪发泄地,而情绪化的女人在职场之中也往往被贴上了"不够成熟"的标签。

许多男人对于职业女性的看法是:她们不懂得控制自己的眼泪和脾气,总是过于直接地表达自己的情感。这使得一些男人感到不舒服,并因此而瞧不起女人,认为女人无法自我管理,控制不好自己的情绪,因而所做的决定大多也是不值得信任的。

当然,这种看法有些片面和绝对,大部分女性并不会因为自己过于激烈的情绪反应而影响到自己的工作,她们往往会在发泄完情绪之后,以更加昂扬的姿态投入到工作当中。

但无论如何,女性过于强烈或者稍显频繁的脾气和眼泪的确会给周围的人带来很大的压力,更会因此被归结为心理承受力差和性格软弱,认为其经不起大风大浪的侵袭,难以担当重责大任,最终对其事业生涯造成极大的影响。

在很多人看来,琳琳是一个相当出色的职业女性——聪明、漂亮、有上进心,做事力求完美。但是,和她真正接触过的朋友,或和她一起工作过的同事们都十分清楚,她唯一的死穴就是爱哭!

从小,琳琳就有一个绰号——泪包。升中学时,许多同学给她的毕业留言就是:琳妹妹,请改掉动不动就哭的毛病。可惜,这么多年过去了,已经成为一个职业女性的琳琳还是没有什么变化,遇到什么事都习惯先哭了再说。

辛苦设计了1个月的方案,被老板一票否决,琳琳忍不住偷偷掉了泪,本以为没人知道,可花了的睫毛膏将她彻底出卖。结果,老板严厉地警告她:将个人情绪带入职场,是不职业化的表现。

截稿时间还有两个小时就要到了,琳琳本以为一切都要OK了,但一篇重要稿件却被头儿否定了,还要补充采访。琳琳头一次碰到这种状况,立刻蒙了。接下来,全办公室的人都被琳琳响亮的哭泣声惊呆了——琳琳大雨滂沱地足足哭了10分钟!

这样的事情发生了多次以后,同事们在与琳琳接触时,都形成了相当的默契,有时还会互相"介绍经验"。

"她太敏感了,一点都说不得!"

"喔,她很情绪化,你最好别当面批评她。"

"哎呀,这个策划还是别让她做了,免得她做不来又要哭了!"

诸如此类的话,连琳琳的老板都有所耳闻,渐渐地,老板派给琳琳的活越来越少,大有炒她鱿鱼的架势。

面对同事们显而易见的小心翼翼和老板不留痕迹的疏远,琳琳开始着急了。她知道,自己是一个爱哭的女人,遇到工作不顺心的时候经常会大哭一

第五章 职场里:找准自己的位置

场。可是，哭过之后，她也慢慢发现，这并不能解决任何问题，自己仍然要回到现实中面对眼前的种种难题。

经过长时间的思考，琳琳认识到，"咄咄逼人"是一种外强中干的表现，"梨花带雨"则是一种懦弱无能的表现，而真正的职业女性心智一定要坚强。女人的成熟实际上是一种克服本身感性因素泛滥的过程，这样才能达到"一切尽在掌握"的境界。

在这个思考模式的指导下，琳琳的行为模式有了很大的转变——她从一开始的"遇到挫折就放弃行动"到后来的"怀疑自己但不放弃行动"，直至最后变得理性，根据客观实际"坚持自己应该坚持的，改正自己应该改正的"。

最终，琳琳成为了一个被众人羡慕、在职场上叱咤风云但不失温柔的女强人。

实际上，在事业上获得真正成功的女性，大都不会整天紧绷着一张脸，也不会焦躁地走来走去，更不会遇事只会以发脾气或掉眼泪来应付，这样一来，不但于事无补，还会给别人留下批评或嘲笑的把柄。

一位男性主管曾害怕地说："我很怕女同事哭，她们一哭，我就束手无措，好像我做错了什么事，但这也让我觉得，爱哭的女性好像不能担当重任。"

也正因此，美国职场顾问罗琳在《女强人手册》一书中不断提醒女性，哭没有什么不妥，但如果想在职场上表现得宜，"一定要学习控制自己的眼泪"。

这也就说，如果你想大声哭，如果你想大发雷霆，你当然有权利这么做。然而，假如你有心要成就一番事业，就千万不要被别人看穿了你的底牌，要学会控制你激动的情绪，不要乱发脾气，不要轻易掉眼泪，要勇敢地去面对失败和压力。

只有这样，你才能赢得同事和上司的认可，你才能令一切工作尽在掌握之中，你才能赢得那片属于自己的深邃湛蓝的事业天空！

第六章
单身贵族：
一种色彩也可以涂出丰富的世界

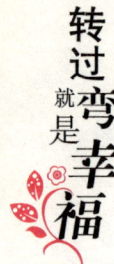

女人如何学会爱自己

作为现代社会里生活着的一位女性,在进入婚姻之前,必须明白这样一个道理:只有真正爱自己的人,才会懂得爱别人。

爱自己,必须要先了解自己、相信自己、欣赏自己,我们没有必要过多地自谦。

过多地自谦,会让人不自信,会让人越来越自卑,越来越猥琐。

我们要勇于打破中国人自谦的习惯,要骄傲地挺胸抬头往前走,把最好的一面大大方方地展示给大家。

不管别人怎么看你,都要相信,你是唯一的,你是一个有价值、值得爱的人。要以自己特有的姿态去赢得世人注视的目光。

有一次,笔者应邀参加一个大学新学期的开学典礼。晚上校方安排一个演讲会,参加演讲的人中有五位名人。面对坐满一万多学生的大报告厅,每一个人的演讲都真诚、睿智,还各有特色,赢得了在场学生的阵阵掌声和热烈的讨论与提问。

报告结束后,发生了一件有趣的事情:回到宾馆的每一位名家,私下交谈时,都在羡慕别人讲得好、主题好、形式好、角度好,甚至说话的声音、腔调都比自己好。而笔者呢,也在担心,自己一时激情讲了一通,在这些大名人、前辈们面前,会不会班门弄斧呢?

瞧,这就是我们每个人,对自己的不自信。

爱自己并不表示自怜、自恋,而是接受自己,包容自己的缺点;鼓励自己,并时时激励自己将深藏的潜力开发出来;展示自己,尽量把自己的优点、特长

在更多的人面前彰显出来。

爱自己，才会在任何时候都不伤害自己。

情场失意、事业受阻只会带给我们短暂的失意低落，我们不会因此类原因而堕落或放纵。

我们爱惜自己，知道良好的健康状况对现代人的重要。我们积极地参与健身运动以保持自己良好的身材，我们不会吝惜花在保养容貌及身体上的金钱与时间。

我们有着良好的生活习惯，抽烟、饮酒、通宵达旦地宴饮狂欢都不会发生在我们身上。

现代女性在各行各业显示的实力已足以证明其"半边天"的地位，但这并不意味着让每一个女人都去和男人在事业上一争高下。

一个女人，只有学会坚守女人天生的本性——温柔、温情、温和，在与男人交往的过程中以自己女人的本性来吸引男人，这样，才能够和睦融洽地与男人长相厮守下去。

如果一个女人把宠爱自己解释为"自我放纵"，那就是很错误的做法了，因为这不叫爱自己，而是恨自己。错误的放纵，实际上等于自恨、自我窒息。譬如，暴饮暴食、烟酒过度、生活习惯不规律、完全不运动、不吸收新知识、懒惰等行为都是在虐待自己的身体，伤害自己。这样的放纵，绝不是宠爱自己，而是害自己，跟自己过不去，更是对自己的不尊重。

真爱应当是健康的，给人自由、愉悦的感觉的，也唯有在自由、愉悦、享受的气氛下，爱才能得以滋长。

对别人如此，爱自己也一样。

要爱自己爱得正确健康，首先要让自己自由，时时倾听自己，和内在的自我对话，诚实地面对内心深处的各种欲念。这样，当我们置身于各种人、事物中时，才不受约束，才能完全保持平衡。当我们能用这样的态度爱自己时，就能真正了解爱的意义，而且有能力去爱其他人。

1. 为什么要保持女人的本性

许多女人以为追求独立就是爱自己，其实这只是人生存的一个前提，是人生的一部分。

转过弯就是幸福

幸福女人要懂得的 心理学

演员陈红说:"一个成功的女人,至少要扮演好三个角色:工作当中、丈夫面前和孩子身旁。工作只是女人生命的三分之一,另外三分之二,你要和你的爱人一起分享,和你的孩子一起成长。少了任何一个角色,女人的生活都不完美。"

笔者认识一位服装公司的女老板,她叫陈若英,她不仅开着最新款的奔驰车,还有很多社会头衔。令人深思的是,她最近坦率地告诉笔者,她想自杀。

笔者一点也不惊讶。

认识她多年,知道她一直在拼命追求独立。

表面上看,她也独立了,但正是这种"独立"剥夺了她作为女人的特性——因为她已经不像个女人了。

有些慕名求见的男人,在去见她的路上还迷情幻想,但出门时就像见了女张飞,只是说她很义气罢了。

其实,她是按竞争社会的需求来改造自己,结果却令性别模糊了,女人称她为大姐,男人则将她视为兄弟。

有不少这样的女性拼搏者,都因为追求自己的独立而迷失了自己的性别。她们是痛苦的,当忍受不了这种痛苦时,就想自杀。

但她们不会去自杀,她们已习惯了错位思考,连自杀的念头也是错位和不真实的。她们会继续去拼搏,这是她们的价值所在,不过她们永远不会有幸福,这就是事实。

女人独立的目的不是消灭自己的本性,如果是这样,独立还有什么意义?

当今社会已经向女人提供了很多经济独立的机会,由于观念误差,不少女人对男人的成功不服气。她们不懂男人的社会是竞争形成的,女人如果一定要到男人世界里去参与就必须得付出比男人更多、更痛苦、更委屈、更压抑的代价。

男女生理的差异是上帝最伟大最科学的设计,尊重这种差异是人性中最美的良知。

有一些荒谬的理论家鼓吹女人应该像男人一样去拼搏,这其实是美丽的陷阱。

女人超负荷运转去追求所谓的独立和价值,在过去可能会受人尊敬,但

是,在现在、将来绝对会被人所不容。

2. 女人在家庭中的角色定位

在家庭中,女人是一个家的灵魂,是一个家的设计师,是一个家素质的培养者,是一个家的形象代言人,但绝不是不拿薪水的保姆,不需报酬的伴侣。只要有条件,家中应该请保姆料理家务,主妇的工作是设计指导与品位监督。

对女人来说,精神独立更为重要,因为男人是活在物质中,女人却活在精神里。

女人的精神独立是对自己的确认。当女人的精神世界被别人支配时,这个女人就会十分悲哀。

女人可以在自己的精神世界里建立起一个美好的王国,当她自豪地感觉到自己是这个王国的女皇时,就会在现实生活中找到自信。

女人的精神独立还体现在她的思想是受自己支配,而不是为了别人而盲目地修改自己。

有个女人爱上了一个她感觉极好的男人,由于感觉太好,她想让她的女朋友分享她的感觉。于是她去征求她们的意见。那些女人认为,这么好的男人一定会有很多女人追,将来很难挡得住诱惑。分析的结论是,这种男人没有安全感,不值得交往。于是她和这个男人分手了,但又长期痛苦。后来听说她认识的一个女孩儿与他结婚了,只差没气死。

爱自己,才能爱别人,这将是当代女性最流行的口号。

现代的女性会时时倾听自己的内心,诚实地面对自己真实的感受和欲念,选择自己想要的。不曲意承欢,不委曲求全,不刻意讨好别人而压抑自己。她们认为只有用这样的态度来爱自己,才能了解爱的意义,才有能力去爱一个男人,保证双方在"爱的河流"中不受伤害。

其实,爱自己是一种责任,就像爱你的家人和朋友一样。不爱自己的人就是不负责任,而且不仅仅是对自己不负责任,也是对社会不负责任。我们只有一直小心翼翼地保护自己内心的纯净,才能抵抗太多的诱惑和堕落。这样也就会给自己所爱的人带来一份真诚、纯洁而又干净的爱,同时也能保证自己的家庭和事业都向着良性而又健康的方向发展,这才是生活中一种真正的幸福。

战胜可怕的孤独

孤独,是一种常见的心理状态。

孤独感在人的思想上、行为上的体现,有两种情况。

一种是因为客观条件的制约,长期脱离人群的"有形"的孤独。比如远离人们生活中心的边疆哨所中的战士、长期坚持在高山气象观测站工作的科技工作者、长期游弋五洲四海的海员等。他们远离亲人朋友,在工作之余没有与更多的人相互交往的机会,没有丰富多彩的精神生活,不免有时感到寂寞,感到孤独。

一种是身处人群之中,但内心世界却与生活格格不入而造成的"无形"的孤独。这种孤独对人的伤害是十分严重的。一个长期被孤独感笼罩的人,精神受到长时间的压抑,不仅会导致自己的心理失去平衡,影响自己的智力和才能的发挥,也会引起人的心理上、思想上的一系列变化,产生诸如思想低沉、精神委靡、失去事业的进取心和生活信心等问题。

5年前,马丽失去了丈夫,她悲痛欲绝。自那以后,她便陷入了孤独与痛苦之中。"我该做些什么呢?"在她丈夫离开近一个月之后的一天晚上,她对朋友哭诉,"我将住到何处?我将怎样度过余生?"

朋友安慰她说,她的孤独是因为自己身处不幸的遭遇之中,才50多岁便失去了自己生活的伴侣,自然感到悲痛异常,但时间一久,这些伤痛和孤独便会慢慢减缓消失,她也会开始新的生活——从痛苦的灰烬之中建立起自己新的幸福。

"不!"她绝望地说道,"我不相信自己还会有什么幸福的日子。我已不再年轻,孩子也都长大成人,成家立业。我孑然一身还有什么乐趣可言呢?"抱着这种孤独感,马丽得了严重的自怜症,而且不知道该如何治疗。好几年过去了,她的心情一直都没有好转。

有一次,朋友忍不住对她说:"我想,你不必苛求得到别人的同情或怜悯。无论如何,你可以重新建立自己的新生活,结交新的朋友,培养新的兴趣,千万不要沉溺在旧的回忆里。"她没有把朋友的话听进去,因为她还在为自己的孤独自怨自叹。后来,她觉得孩子们应该为她的幸福负责,因此便搬去与一个结了婚的女儿同住。

但事情的结果并不如意,由于她的孤僻,使她和女儿都生活在痛苦之中,她们的关系甚至恶化到母女反目成仇。马丽后来又搬去与儿子同住,但也好不到哪里去。后来,孩子们只好共同买了一间公寓让她独住,但这更加重了她的孤独感。

她对朋友哭诉道,所有的家人都弃她而去,没有人要她这个老妈妈了。马丽的确一直都没有再享受过快乐的生活,因为她认为全世界都在孤立她。她实在是既可怜,又可悲,虽然已年过半百了,但情绪还是像小孩一样没有成熟。

大多有孤独感的女人,并不是自己情愿离群索居、孤身独守的。她们有的是在坎坷难行的人生路上遇到了极大的痛苦,因而或嗟叹人生艰难,埋怨命运刻薄,或痛恨世态炎凉,咒骂人心虚伪;有的是感到自己怀才不遇,知音难觅,得不到别人的理解,因而也不愿去理解别人,不如独处一隅,洁身自好;也有的是自己看不起自己,不相信自己,在人群中徒见别人风流潇洒、知识渊博,因而自惭形秽,自感自己才貌平庸、才智低下,不敢也不愿意与人交往……境遇各有不同,其结果却都相差无几:把自己置身于孤独的控制之下,陷入无边的伤感之中。

在加州奥克兰的密尔斯大学,校长林怀特博士在一次女青年会的晚餐聚会上,发表了一段极为引人注目的演讲,内容提到的便是这种现代人的孤寂感:"20世纪最流行的疾病是孤独"。他说道:"用大卫里斯曼的话来说,我们都是'寂寞的一群'。由于人口愈来愈增加,人性已汇集成一片汪洋大海,根本分不清谁是谁了……居住在这样一个'不拘一格'的世界里,再加上政府和各种企业经营的模式,人们必须经常由一个地方换到另一个地方工作。于是,人

第六章 单身贵族:一种色彩也可以涂出丰富的世界

们的友谊无法持久,时代就像进入另一个冰河时期一样,使人的内心觉得冰冷不已。"

那些能克服孤寂的人,一定是生活在林怀特博士所说的"勇气的氛围"里。无论我们走到哪里,一定要培养出与人们亲密的情谊关系。就好像燃烧的煤油灯一样,火焰虽小,却仍能发出光亮和温暖来。

一个人要想得到他人的欢迎,或被人接纳,一定要付出许多努力和代价。要想让别人喜欢我们,的确需要尽点心力。情爱、友谊或快乐的时光,都不是一纸契约所能规定的。让我们面对现实,无论处于怎样的困境,活着的人都有权利快乐地活下去。但是,我们必须了解:幸福并不是靠别人来布施的,而是要自己去赢取别人对你的需求和喜爱。孤独是现代人的通病,也是现代文明带给人类的"文明病"。在很多人看来,电视就是都市人走向孤独的第一个教唆犯。伴着电子游戏、电子宠物、音响以及豢养的诸如名猫、名犬等动物,加之阳台上养殖的盆盆罐罐里开放着的不合时宜的花草,都使人们在极力摆脱孤独的同时,又更深地陷入孤独的罪恶深渊。

孤独是既不爱人也不被人爱的一种失重状态,是处于不关心他人也不被他人关心的人生夹壁,因此摆脱孤独的唯一方式在人而不在物,也即以爱人之心冰释不被人爱的人生尴尬。

我们如何面对孤独的痛苦,如何无惧地面对那种我们都很清楚的空虚感?当它来到时,不是去打开收音机,或把自己沉溺于工作中,或是跑到电影院去看电影,而是反过来看着它,看进它里面去,完全了解它。没有一个人不曾感受过那种令人颤抖的焦虑感,因为我们都想要逃避它以使自己分心或得到满足。因此,我们通过工作、喝酒、写诗或重复念诵一些字句等来使自己满足,也因为如此我们才没有机会了解这份突如其来的焦虑感。

所以,当孤独的痛苦笼罩你的时候,你就应当面对它、看着它,不要产生任何想逃走的意念。如果你逃走了,你就永远也不会了解它,它就永远躲在一角伺机而动。反之,如果你能了解孤独并且超越它,你就会发现根本不需要逃避它,于是也就不再有那种追求满足和娱乐的冲动了,因为你的心已经认识了一种不会腐败、也无法毁灭的圆满。

在这个世界上,人是最需情感交流的。特别是女人,孤独是她们可怕的敌

人。少女时期在无忧无虑的欢笑中一晃而过,快得让人有些很难回忆。

很多女人都会在结婚以后产生孤独情绪。

在现实生活中,一个成年女人没有一个伙伴或知己是不足为奇的,许多女人都承认她们没有一个可以完全信赖和吐露心事的亲密无间的朋友。然而,她们之间的大多数又似乎都认为这种现象是正常的,可以接受的。有一位成功女性在谈到友谊时说:"我真希望为自己找一个知心朋友。我有不少生意场上的朋友,但没有一个知己,我感到十分孤独。偶尔心血来潮,毫无缘由地打电话,结果也仅仅只是问个好。谈天说地的情况从来没有发生,因为没有这样的对象。"

在互相建立联系的过程中,女人们似乎自始至终都受着约束,她们不愿意让别人知道自己的弱点——挫折、焦虑、失望。她们怕被人视为懦弱,表现得像只会一味怨天尤人的失败者,使他人对自己失去兴趣和尊重。同时,她们也不愿意与人分享自己胜利的欢乐,因为她们怕激起别人的竞争、嫉妒,或是怕表现出一种狂妄而被人指责。

内心世界的封闭使女人无法通过情感交流建立真正的友谊,友情的缺乏使现代人陷入一种强烈的孤独感。对于自己内心的感受,正如有的女人所描述那样:"在这个世界里,我感到孤独、嫉妒、愤怒、紧张。"也正是这种孤独感和对他人的排斥感加剧了人类的情绪危机。

那么,如何才能消除孤独感呢?

1. 克服自卑

由于自卑而觉得自己不如别人,所以不敢与别人接触,从而造成孤独状态。这如同作茧自缚,自卑这层茧不破,就难以走出孤独。

其实,人与人之间不可相比,每个人都有长处和短处,人人都是既一样又不一样。所以,只要自信一点,我们就会钻出自织的茧,从而克服孤独。

2. 多与外界交流

独自生活并不意味着与世隔绝,虽然客观上与外界交流有困难,但依然可以通过某些方式达到交流的目的。如当你感到孤独时,可翻翻旧日的通讯录,看看你的影集,也可给某位久未联系的朋友写信、挂个电话或请几个朋友吃顿饭,聚一聚。当然与朋友的交往和联系,不应该只是在感到孤独时,要知道,别

人也和你一样，需要体会到友谊的温暖。

3. "忘我"地与人交往

与人们相处时感到孤独，有时会超过一个人独处时的10倍。这是因为你和周围的人格格不入。例如，你到了一个语言不通的地方，由于你无法与周围的人进行必要的交流，也无法进入那种令人兴奋的场景中，所以，你在周围热烈的气氛中会备感孤独。因此，在与别人相处时，无论是在什么样的情境下，都要做到"忘我"，并设法为他人做点什么，你应该懂得温暖别人的同时，也会温暖你自己。

4. 享受大自然

生活中有许多活动是充满了乐趣的。只要你能够充分领略它们的美妙之处，就会消除孤独。如有些人遇到挫折，心情不好，但又不愿与别人倾诉时，常常会跑到海边或空旷的田野，让大自然的清风尽情地吹拂，心情就会逐渐开朗起来。

5. 确立人生目标

现代人越来越害怕自己跟他人不一样，害怕在不幸时孤立无援；害怕自己不被人尊重或理解，这种由激烈社会竞争导致的内心恐慌，无疑使一些人越怕越孤独，心灵也越脆弱。要克服这种恐慌与脆弱，必须为自己确立一些人生目标，培养和选择一些兴趣与爱好，一个人活着有所爱，有所求，就不怕寂寞，也不会感到孤独了。

女人最需要的就是打开内心紧闭的大门，积极地与人交流沟通，撤掉一些自设的障碍，真诚地接纳他人，多交几个能推心置腹的朋友，你就少了几分孤独，而战胜了可怕的孤独，就会有更多的人为你喝彩。

所以，作为女人，要打开禁锢的门窗，开阔视野，让眼前风光无限。

做自己心情的主宰者

天气阴晦的时候，我们会觉得心情像外面的天气一样沉重，灰暗郁积于胸，变得烦躁易怒。当云开雾散、晴空万里时，我们的心情也会随着天气的转变而转变，感觉心旷神怡，明媚一片，快乐得想放声歌唱。

天气的好坏对人的心情的确有一定的影响，但是如果我们任天气牵着鼻子走，那真是一件不太妙的事情。虽然我们不能主宰天气，但是我们可以主宰自己的心情。

在一次与成功学家陈安之的对话节目中，有一位同学问他："陈老师，为什么天气会影响我的心情？"陈安之说："其实不是天气原因，而是你自己心理的因素在作怪，让我给你们讲一个真实的故事吧。我以前在美国演讲，有一个同事当天回到他住的地方，他说太棒了！我问他发生了什么事？他说今天出车祸了。我说出车祸你高兴什么？他说幸亏只撞到车，没有撞到人。我说那要撞到人怎么办？他说幸好只撞到人，没有撞死人。我说如果撞死人怎么办？他说幸好只撞死一个，没有整车都死。要知道，在这个世界上再不好的事情也有其好的一面。"

可见，与其说是天气这些外在的客观因素影响了我们的心情，不如说是我们自己不懂得转换。事实上，真正影响我们心情的只有我们自己。

当然，不仅仅是天气的变化会影响我们的心情，还有很多其他客观因素，也在牵引着我们的心情。比如考试得了第一名，回家的脚步一定是轻松愉悦的；比如面试失败了，有人送鲜花请客吃饭也难高兴起来；比如甜蜜的爱情会让一个人神采奕奕，而失恋的人却如掉进深渊。当遭遇让我们悲伤的事情的

转过弯就是幸福
幸福女人要懂得的 心理学

时候，如果我们能够换个角度，及时转换心情，即使是在黑云压日、雷声滚滚的恶劣天气里，也一样能拥有阳光般的明媚心情。

小丽失恋了，悲伤和痛苦笼罩着她，她坐在公园的一角暗自落泪，觉得这个世界暗无天日，任朋友们怎么劝都无济于事。

一位老人路过这里，听了她的故事，对她说："孩子，你不过损失了一个不爱你的人，而他损失的却是一个爱他的人。说到底，他的损失比你大，伤心的是他才对啊。"小丽听后，觉得有道理，心情开始开朗起来。

很多人在置身悲伤的时候，知道心情可以改变，但是不知道怎么改变，很多时候，同一件事换一个角度去看，心情就会因此而不同。

让天气牵着心情走和不受天气左右就能掌控心情，是典型的两种心态，前者是消极的悲观主义，后者是积极的乐观主义。如果你一直让消极的心态占据你的心灵，那么就算让你中了500万元的彩票，你也会认为这必将是坏事一桩。因为你害怕中奖之后，有人会觊觎你的钱财，进而对你采取不利的行动。就是说，事情的好坏是由你选择面对事情的态度来决定的。

看过电影《监狱风云》的人，对那位由影星吉尼威尔德饰演的名叫亨利的男子印象一定非常深刻。

亨利被误判入狱，所有狱官看他都不顺眼，常常找他麻烦，他却没有大喊冤枉、义愤难平，而是始终保持着一份快乐的心情。

有一次，狱官用手铐将他吊起来，几天之后，他竟然还一脸笑容地对狱官说："谢谢你们治好了我的背痛。"之后，狱官又将亨利关进一个因日晒而高温的锡箱中。但是当他们放亨利出来时，亨利央求道："喔，拜托再让我待一天，我正开始觉得有趣呢。"

最后，狱官将他和一位体重100多千克的杀人犯古斯博士一同关进一间小密室。古斯博士的凶恶在狱中十分有名，就连最凶狠的犯人也像躲避瘟疫一般躲着他。然而当狱官们回来时，却看见古斯博士和亨利坐在地上大笑着玩牌，他们惊讶得不得了。

其实亨利只不过是选择了以快乐作为自己的守护神，而没有让自己的情绪受外在的客观因素影响。

有些人即使在晴朗的天气里，也会为明天天气的好坏忧虑，而有些人却能

在乌云密布的时刻,想象着风雨之后的美丽彩虹。事实上,每一件事物都有它不同的一面,眼睛所及之处,并非是事物的全部。大部分情况下,你要寻求什么,你的眼睛就会见到什么。正如心情沮丧的时候,绝对不会看到阳光明媚;心境愉快的时候,就算是嘈杂声也会变成悦耳的音乐。可见,心情的好坏,完全取决于你的心态,而不是其他外界因素。

世间的诸多事情,像天气的阴晴雨雪一样是我们所不能控制的,但是,我们可以做自己心情的主宰者。记住,无论在任何时候,只要自己不主动抛弃好心情,无论是谁都不能将坏心情强塞给你。

 **爱情不是一个女人的全部**

一位知识女性,她深爱着自己的丈夫,但是,她爱她丈夫的时候也没忘记珍爱自己。她的丈夫常年在外经商,但他们的感情十分融洽,从未有过一丝半点的裂缝。有人问:你不担心他在外面寻花问柳吗?这位女士回答:我和他的爱从来都是平等的。从接受他的爱那天起,我就给了他信任,我爱他但不苛求他。我希望他成功完美,但我从未把自己的一切抵押在他身上,我担心什么呢?

男人往往就是这样:你过于看重他,也就是昭示他可以轻而易举地主宰你的感情和幸福了!在这一点上你首先就输了。因此,感情最在乎尊重和平等……不用说,有这种见地和胸怀的女人,男人自然会感到她的可爱。因为男人爱上一个女人的同时,并不希望在爱的约束下丧失自己的一方世界,男人在乎爱情的默契、宽容和理解。因为这种爱不至于阻止男人自由地闯荡人生——毕竟,在男人的眼里爱情并不能代表人生的全部。

转过弯就是幸福 幸福女人要懂得的 心理学

女人常常在爱情中倾其所有,把自己一生的幸福维系于爱情之上,这是一种错误的方式,它对爱情有百害而无一利。其实,爱情也要划清界限。真正的爱情,是需要分清你我的——你的时间、你的事业、你的隐私、你的想法、你的空间……爱情是一种感受,产生爱情没有固定的模式,留住爱情却有许多规律可循。适时划清界限是爱情和婚姻的保湿因子。

生活中,许许多多的女人成了生活的附属品,成了悲剧的主角。归结其原因,根本一点就是她们爱得太投入了,以至有一天梦中醒来,名誉、财富、爱情也全部不见了。

克洛岱尔就是这方面的一个悲剧主角,她是雕塑大师罗丹的学生兼情人。

在罗丹第一次见到克洛岱尔时,就爱上了她。这一半由于她那带着野性的美;另一半则由于她罕见的才气。而同时,克洛岱尔也主动地向这位比自己年长24岁的男人,敞开了自己纯净和贞洁的少女世界。这完全是由于罗丹的天才吸引了他,因为男人的魅力就是才华。罗丹的一切天性都从属于雕塑——他炯炯的目光、敏锐的感觉、深刻的思维,以及不可思议的手,全都为了雕塑而生,而且时时刻刻都闪耀出他超人的灵性与非凡的创造力。虽然当时罗丹还没有太大的名气,但他的才气已经咄咄逼人。于是,他们很快地相互征服。正当盛年的罗丹与洋溢着青春气息的克洛岱尔,如同疾风暴雨、烈日狂潮般,一同拥入他们爱情的酷夏。同时,罗丹也开始了他艺术创作的黄金时代,而克洛岱尔不过是青涩的学生。

对于克洛岱尔来说,她所做的,是要投身到一场需付出一生作为代价的残酷的爱情游戏中去。这是一场赌博。因为,罗丹有他长久的生活伴侣罗丝和儿子,但是,已经跳进旋涡而又陶醉其中的克洛岱尔不可能回到岸边重新选择。她和他只得躲开众人视线,在公开场合装作若无其事的样子,寻找任何一个可能的机会,一点空间和时间,相互宣泄无尽的爱与无法克制的欲望。从学院小路到大理石仓库,到莺歌路的福里·纳布尔别墅,再到佩伊思园……在工作室幽暗的角落里、在躺椅上、在满是泥土的地上,两个人沉浸在无比美妙的情爱中。

罗丹曾对克洛岱尔说:"你被表现在我的所有雕塑中。"可以看出,克洛岱尔不仅给罗丹一个纯洁而忠贞的爱情世界,还给了他感悟艺术的一切。无论

是肉体的、情感的,还是心灵的,克洛岱尔给罗丹的太多了。

后来,罗丹名扬天下,克洛岱尔却一步步走进人生日渐昏暗的阴影里。克洛岱尔不堪承受长期厮守在罗丹生活圈外的那种孤单与无望,这种感觉竟纠缠了她15年,最后精疲力竭,颓唐不堪,终于离开了罗丹,迁到一间破房子里,离群索居,她拒绝在任何社交场合露面,天天默默地凿打着石头。尽管她极具才华,却没有足够的名气。人们仍旧凭着印象把她当做罗丹的一个弟子,所以她卖不掉作品,贫穷使她常常受窘并陷入尴尬,还要遭受雇来帮忙的粗雕工的欺侮。

这期间,罗丹却已接近成功。他属于那种活着时就能享受到果实成熟的艺术家。他经历了与克洛岱尔那种迎风搏浪的爱情生活后,又返回平静的岸边,回到了在漫长人生之路上与他分担过生活重负与艰辛的罗丝身旁。他买了大房子,过起富足的生活,并且又在巴黎买下了文艺复兴时期的豪宅别墅,以应酬上流社会各式各样的人物。这期间,还有几个情人曾进入了他华丽多彩的生活。当然,罗丹并没有忘记克洛岱尔。他与克洛岱尔的那场轰轰烈烈、电闪雷鸣般的爱情是刻骨铭心的。他多次想帮助她,都遭到高傲的克洛岱尔的拒绝。他只有设法通过第三者在中间迂回,在经济上支援她,帮助她树立名气,但这些有限的支持对于克洛岱尔而言,是一种屈辱,是一种更大的伤害。

在绝对的贫困与孤寂中,克洛岱尔真正感到自己是个被遗弃者了。这种感觉对于她而言如同刀子,往日的爱与赞美也都化为了怨恨。她本来激情洋溢的性格,逐渐变得消沉下来。

1905年克洛岱尔出现妄想症,身体很坏,脾气乖戾,狂躁起来会将雕塑全部打碎。1913年3月3日克洛岱尔的父亲去世,克洛岱尔已经完全疯了。她脱光衣服,赤裸裸披头散发地坐在那里。

克洛岱尔从此与雕刻完全隔离,艺术生命就此完结。1943年,她在蒙特维尔格疯人院中去世。

在疯人院里保留的关于克洛岱尔的档案中注明:克洛岱尔死时没有财物,没有任何有价值的文件,甚至连一件纪念品也没有留下,克洛岱尔自己也认为罗丹把她的一切都掠走了。那么克洛岱尔本人留下了什么呢?卡米尔·克洛岱尔的弟弟在她的墓前悲凉地说:"卡米尔,你献给我的珍贵礼物是什么呢?

仅仅是我脚下这一块空空荡荡的土地？虚无！一片虚无！"

依附男人是阻碍女人独立和成功的最大障碍，不论一个女人多么富有才华和智慧，总是容易在感情上受到致命伤害，而找不到正确的人生航向。天才少女克洛岱尔为她的导师和情人罗丹奉献得太多了。她丧失了自己的独立性后，失去了本该属于自己的盛名和财富，到最后连爱情都失去了，可以说她铸成了自己的人生悲剧。

女人对感情的期望值往往很高，甚至有一种不屈不挠、执迷不悟的坚韧与痴迷。要知道爱情为女人所赢得的世界是有限的，如果女人能将身心从一个男人那里尽早转向整个世界的话，那么这个女人的人生必将是丰富充实并且色彩斑斓的。

 保持一颗单纯而快乐的童心

有一个女人，她在一家广告公司做平面设计，工作起来非常有效率，充满幻想的创意也让她颇受老板的赏识，不过她认为这应该归功于自己的童心。是的，每个第一次走进她房间的人，都会不由得惊奇，肯定会以为走错了房间，还以为是进入了小孩的卧室！屋子不大，没有床，在地板上铺的是整张软软的海绵垫子，她和丈夫是以地为床的。垫子是海洋蓝的底色，上面的鱼、蟹、海星栩栩如生。每天早上睁开眼，一定是幻想着来一次海洋旅行了。

很多女人随着年龄的增长，失去了天真的感觉，年轻的心不再容易颤抖。整天沉浸在世俗的吵闹中，为生计而奔波！是的，也许成人的世界有着太多的一本正经、衣冠楚楚，有着太多的规则和禁忌，所以，早晨醒来，暂时把这一切抛之脑后，抓住难得的机会自由地笑、大胆地幻想吧！美好的一天在等待

着你!

天真的孩童总是喜欢笑。有时候会无缘无故地笑,那是抑制不住满心的欢喜。

天真的孩童总是喜欢幻想。总有一个个美好的憧憬和向往,喜欢施展想象力天马行空地奔跑。在他们的世界里,一根树枝可以变成一根神奇的魔棒,一把扫帚可以变一匹马……这些幻想是纯朴而又华丽的,无论它是昙花一现,还是长久的怒放,都能给我们这世界增添生动的、丰富的、美丽的内容。

是的,孩子的心灵是天真淳朴、晶莹剔透的。在孩子天真烂漫的童真世界里,一棵狗尾巴草和一个电动小汽车等价;一块蒙垢的石子比一块金子更有光泽……

蓝天、白云、花朵、露珠、清泉、雪花……一切美好的东西上都有童心的痕迹,一切美丽的东西都与童心的本质是相同的。但令人无奈的是,人们随着年龄的增长,阅历的增多,逐渐感觉到:拥有童心不易,保住童心更难。自信的女人就是在历经了生活的艰难困苦之后,拥有一颗纯真童心的女人。她们是真正意义的贵族,她们知道"童心"是灵感的源泉,她们是你所接触过的最幸福、最有活力的女人。她们比普通人更知道怎样让自己内心的"孩子"出来亮相。早上醒来,她们能够傻傻地肆无忌惮地笑,就像回到了天真烂漫的孩童时代;她们能够完全地沉浸于自己的幻想,就像她们在孩提时代常常走神一样。她们清楚"真正的生活"不是整天工作和奔波,她们喜欢对生存保留一种孩子似的天真和好奇。

你可能会说:"我也时常想回到儿童时代无忧无虑的时光里去,但是我有需要照顾的父母公婆,有嗷嗷待哺的孩子,有经济上的烦心事以及其他需要考虑的问题。生活的重担让我喘不过气来,我怎么还有心思早上起来轻松地进入笑和幻想的世界呢?"事实上,你自愿回到儿童般的状态中,像孩子一样去开怀大笑,像孩子一样热爱幻想,并不意味着你必须放弃当一个成年人。

这仅仅意味着让你更自由自在一些,让你摘掉成年人的面具,记住你最初那双睁大了的眼睛,并且发自内心地赞叹整个世界以及其中的一切事物和人。尽情享受当孩子的乐趣,孩子气就好像大热天里的清凉饮料一样让人心旷神怡。

第六章 单身贵族:一种色彩也可以涂出丰富的世界

中国儿童作家秦文君的作品《男生贾里》、《女生贾梅》能够发行一百多万册,就在于她的脸上常有儿童般的快乐。她爱孩子,孩子爱她,她是一个真正意义上的大孩子,这也是她作品魅力不衰的原因所在。

作为一个女人,无论处于如何艰难的境地,早上起来,你都可以畅快地笑,可以允许你自己享受有趣的幻想,以及精神健康的好处。你可以写下20条你长期以来梦寐以求的事情,不论是参加马拉松比赛、上电视,还是访问。然后划去那些看起来在短期内无法实现的幻想。最后你至少会得到一项你今天就可以实现的梦想。马上去实现它吧!然后再开始计划第二件最切实可行的事。慢慢地,你就会实现许许多多看来"幼稚可笑"的幻想,而且大部分都会被证明是实实在在的成就。

孩童的笑和幻想是这个世界的原始本色,没有一点功利色彩,就像花儿的绽放、树枝的摇曳、风儿的低鸣、蟋蟀的轻唱一样。它们听凭内心的召唤,是本性使然,没有特别的理由。

童心是生产乐趣的工厂、治疗忧伤的灵药、流淌幸福的源泉,童心不老的奥妙在于拥有童趣的沃土。一切有生命力的东西,都是童心的驱使。保持一颗单纯而快乐的童心,是自我心理的需要,更是调节心理的良剂。

有一句西方谚语说:"人类最好的品质都是在孩子身上。"在社会生活的纷纷扰扰中,在工作责任的重重压力下,拾起久违了的童心,你会发现那是多么的可贵。

童心是自然的天性,是毫无装饰的美丽。一颗童心就是一个绚烂多彩的世界。只有长大成人并保持童心的女人,才是真正自信、真正美丽的女人!

保持一颗童心,是一门艺术,是一门人生的艺术,也是最难的一门艺术。

泰戈尔有句名言:"伟大的人物永远是小孩,死了,他把天真留给世界。"童心不能失去,童心是做一个健康、快乐、自信女人的需要;拥有童心的女人,会比其他女人享受更多的宠爱,享受更多的快乐,享受更多青春飞扬的自信!

童心如花,童心璀璨。莫让失落的童心一度搁置,在这个纷繁复杂的世界中,把心深深地根植在童趣的沃土里,生活便不会如此沉重,你会拥有最开心的笑容!

把生活当成艺术

有一次,英国游客杰克到美国观光,导游说西雅图有个很特殊的鱼市场,在那里买鱼是一种享受。和杰克同行的朋友听了,都感到好奇。

那天,天气不是很好,但杰克发现市场并非鱼腥味刺鼻,迎面而来的是鱼贩们欢快的笑声。他们面带笑容,像合作无间的棒球队员,让冰冻的鱼像棒球一样,在空中飞来飞去,大家互相唱和:"啊,5条鱼飞往明尼苏达去了。""8只蜂蟹飞到堪萨斯。"这是多么和谐的生活,充满乐趣和欢笑。

杰克问当地的鱼贩:"你们在这种环境下工作,为什么会保持愉快的心情呢?"

鱼贩说,事实上,几年前的这个鱼市场本来也是一个没有生气的地方,大家整天抱怨。后来,大家认为与其每天抱怨沉重的工作,不如改变工作的品质。于是,他们不再抱怨生活的本身,而是把卖鱼当成一种艺术。再后来,一个创意接着一个创意,一串笑声接着另一串笑声,他们成为鱼市场中的奇迹。

女作家玛利·韦伯说:"不论你爱好什么都可以,但是,你总得有所爱好。"因为你有所爱好,精神才会有所寄托,心灵才有所附着。至于这一位女作家自己,她本身所爱好的有两样:一是大自然,一是文学。她那并不宽敞的园圃内,四季开满了可爱的花卉,她晨昏守望在花园里,内心充满了不可言喻的喜乐。她为了使人分享到她园中的芳馨,同时,更为了以极诗意的工作来减轻丈夫生活的重负,她常是黎明即起,将一些带露的花朵剪了下来,放置在挑筐里,背到城中去叫卖,往往在午前才能回到家中。有时她中途遇雨,回来时满身都湿淋淋的,但她并不在意,一边用手帕拭着她头上额间的雨水同汗珠,一边笑着对

她的家人说:"我已经完成了一件美的工作了!"

然后,她走到她的书桌边,展开纸,拿起笔,才写了没有几行,看看天已将午,她便又匆匆地赶到厨房,将面粉调好,做成饼子,放在火上焙烤着,随即,擦擦手上的面粉,又拿起她的笔来。当她文思泉涌、写得正起劲的时候,一阵阵的焦味自厨房的锅子里飘了进来。她望着身边的丈夫,带着几分歉意地笑笑,赶紧跑到炉边。她的丈夫对她也极其体贴,饼子即使烤焦了,他也仍然觉得好吃,因为他深深地了解他那个年轻的妻子,知道她爱自然、爱文学,同时,更爱他。为了她这种种的爱,做丈夫的便轻轻地原谅了她——那个可爱的妻子兼愚笨的厨娘。

玛利·韦伯在那样艰苦的环境下,却能生活得那样快乐,那完全是由于她的精神有所寄托。所以,她穷困到步行数十里到城中去卖花时,她繁忙到写几行文稿就要到厨房里去翻看面饼时,她的内心仍不怨不忧,她只说:"我已经完成了一件美的工作!"她只向她的丈夫露出带歉意的甜美的笑容。

她懂得生活,了解生活的艺术,倾心于美的、崇高的、有意义的事物与工作,最后,她的生活的本身就变成了艺术!破陋的屋子、粗劣的饮食,有什么关系呢?破旧的衣裳、繁累的苦作,又有什么关系呢?什么都不能阻拦住一颗纯真、淳朴而快乐的心灵,向往那最崇高的美的境界,如同鸟儿逍遥地飞向高空一样。

把生活当成艺术,用一颗艺术的心灵去对待生活,善于采撷生活中点点滴滴的情趣,生活便会把美好的一面回馈给你。

第七章
宽恕的力量：
消灭啃噬幸福婚姻的虫

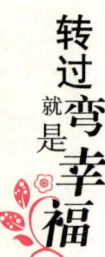

 宽恕就是爱

要想彻底敞开彼此间的心扉,要想享受终生的爱,有一个最重要的技巧,这就是宽恕。原谅你伴侣的错误,不仅可以使你继续去爱你的伴侣,也可以使你原谅自己身上那些不尽完美之处。

如果在婚姻关系上不能做到宽恕,那么爱恋之情在婚姻关系存续期间就会受到程度不同的限制。我们可以仍然去爱自己的伴侣,但那爱将不那么炽烈了。如果夫妻双方只有一个人的心理产生阻塞,那么它对夫妻两人的关系的影响会小得多。宽恕的意义就在于摆脱对婚姻关系的伤害。

宽恕可以使我们重燃爱恋之火,能使我们坦诚地付出并接受彼此的爱。闭锁的心灵是无法付出爱也无法接受爱的。

你对某人爱之愈深,当你不原谅他时,你承受的痛也就愈大。

许多人由于不能原谅自己的爱人,那种痛苦的折磨甚至会使他们自杀。我们所能感受到的痛苦中,最大者莫过于不能去爱我们所爱的人。

这种痛苦的折磨会使人发疯,会使人丧失理智地采取暴力行为。正是这种欲爱不能的痛苦,使许多人一步步走向了堕落、颓废和暴戾。

我们陷于痛苦和怨恨而不能自拔,其原因不在于不能去爱,而在于不能去宽恕别人。如果我们没有爱恋之心,那么不再爱不会让一个人感觉到丝毫痛苦。爱恋之心愈深,不能宽恕恋人所带来的痛苦也愈重。

如何学会宽恕?

如果我们是孩子,那么当父母要求我们原谅他们的错误时,我们知道如何原谅他们。如果我们曾看到过他们之间的彼此原谅,我们会对宽恕有更深刻的理解。如果我们曾多次体验过别人对我们的错误的宽恕,那么我们不仅会

知道如何去宽恕别人，还会真真切切地体会到宽恕所具有的那种改变他人的巨大力量。

如果父母不知道如何宽恕，我们会很轻易地对宽恕的真正含义产生误解。当我们宽恕某人时，我们会在感情上认为，他们的所作所为并不是很坏。

例如，假设有人迟到了，你对此感到不高兴，如果此人说出了一个适当的理由或借口，那么你很可能会原谅此人。比如说，此人的理由是，他的车胎爆了，所以才迟到了，你肯定会原谅他。当然还有更好的理由，比如说别人的车爆胎了，他去救一个受伤的孩子了。有了这样"好"的迟到理由，此人肯定会立即得到宽恕。但是，真正的宽恕应该是这样：它所宽恕的，是那些确实不好或有害，而且又没有适当理由的错误。

真正的宽恕要承认错误已经发生，然后再肯定犯错误的人仍然值得被人尊重、被人所爱。它并不意味着宽恕或赞同那种错误的行为。

如果你要求别人宽恕，那就意味着，你承认了自己所犯的错误，并认识到你要改正这个错误，或者说至少你将不再重犯这个错误。

宽恕的力量蕴积于我们的身上，但与其他婚姻关系技巧一样，我们必须不断磨炼它。开始时，可能要花费不少时间。我们努力原谅了自己的伴侣。但第二天却突然又开始责备他们。这是学习宽恕别人的过程中很难避免的。宽恕是改善婚姻关系的新技巧，虽然要真正掌握这种技巧要花费一定时间，但只要不断实践，宽恕别人就会成为一种自然而然的反应。

在初学阶段，我们可以提供一些有用的话语供你参考："人不能十全十美，所以我原谅你了。""你做错了，你不应这样对待任何人，更不应这样对待我。""你做得不对，不过我原谅你。""你难免会出错，所以我原谅你。""尽管你没有给我爱，没有尊重我，但我还是原谅你。""既然你不太了解情况，我可以原谅你。不过我希望你能尊重别人。""我原谅你的错误。"

第七章 宽恕的力量：消灭啃噬幸福婚姻的虫

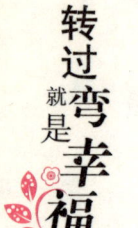

 女人不能做"火药桶"

女人在男人面前展示自己漂亮的一面,可以张扬个性,可以显现时尚,可以尽情打扮。然而人无完人,琐事太多,总有心情不好的时候。有一点要记住,想做个有吸引力的女人,就千万不能做"火药桶"。

现实生活中,大多数的女人常常会出现这样的情况。本来只是一些鸡毛蒜皮的小事,在别人看来不以为然,而她却犯颜动怒,火冒三丈。为此,经常损害朋友之间、夫妻之间的感情,同时又把一些本来能办好的事情给搞糟,甚至对个人的身心健康、事业成败都造成极坏的影响。

情绪是一种变化无常的东西,尤其是女人的情绪,有时变化无常得让人捉摸不透。要想拥有一颗宽容的心,就必须首先控制好自己的情绪,不能因为自己是女人就可以无故地耍脾气,然后期望别人会因为你是一个女人而对你有所原谅。

情绪控制得好,可以将阻力化为助力,帮你解危化险、明晰事理,在山穷水尽处开辟一条通向成功的新路。情绪若处理得不好,便容易激动,产生一些非理性的言谈举止,轻则误事受挫,重则给他人造成心理创伤,既得罪了人又误了事。

如果真的有人让你无比气愤,你也应该努力克制自己在盛怒下的情绪。这不仅是个人修养的体现,也是理智的表现。在你采取任何行动之前先数到十,要是极度愤怒的话,就数到一百。

怒气不亚于一座"活火山",一旦爆发既会伤害到别人也会伤害到自己。同时,怒气又是一种奇怪的东西,只要给它一点时间,稍稍耐心地等一下,它就会自己溜走;但是一旦你给它行一个方便,它就能惹出更多的怒气,变得一发不可收拾。

怒气只能衍生出恶言恶语、争吵打骂,最后的结果必然是感情出现裂痕,友谊破裂,甚至冤冤相报,无休无止。这座"火山"喷发的火气只能灼伤自己,烧痛别人,周围的人和你无怨的结怨,无仇的有恨,无恨的远离,最终你将成为一个孤独的人。

很多女人虽然懂得这个道理,但是在实际生活中却难以自控,一遇到不顺心的事就急躁易怒,容易冲动。主要是由以下因素造成的。

(1)女人好冲动,爱发脾气,与自身的气质类型有一定关系。一般说来,属于胆汁质的人,比其他气质类型的人更容易急躁,更爱发脾气。

(2)与女人所处的生活环境及所受的教育有关,它是一种个性心理中不良性格特征的表现。既然性情暴躁属于个性心理中的不良品质,女性朋友们就应该重视起来,认真对待。

(3)有些女人爱发脾气,缺乏涵养,与虚荣心过重也有密切联系。比较年轻的女性由于涉世不深,生活的知识、经验不足,看不到"一个篱笆三个桩"、"一个好汉三个帮"这一浅显的道理,只知爱惜自己的"脸面"。有时明知是自己不对,为了维护"脸面"以满足虚荣心,仍不惜伤害别人的感情,故意宣泄不满,起劲指责对方,表现出一副唯我独尊的样子,事后又常为得罪朋友和失去友情而后悔。所以说,人际交往中出现意见分歧,发生点小摩擦是常有的事,女人不宜将对对方的不满情绪和烦恼长期积压在心里,可以心平气和地与对方交换意见,自己有错误主动承认,对方有不足之处可以耐心指出,以求相互谅解,这不是什么"栽脸面"的事。而随意发脾气,任意发泄自己不满的女人,表现了这个女人缺乏涵养、易暴躁,恰恰是一种自我贬低的愚蠢举动,才真正是丢了自己的"脸面"。

因此,女人应少发脾气为好。有一部分女人认为,心里有气就必须得发出来,否则会"憋闷坏了"。而近年来身心医学的研究证明,不良情绪会导致许多女性的身心疾病。例如,现在致人死亡前几位的疾病如心脑血管疾病、癌症等都与长期的消极情绪的影响有关。因为发脾气无助于任何问题的解决,还常常把人际关系弄得越来越糟,所以说女人还是少发脾气为好,"制怒"对人的身心健康才是有益的。另外,值得注意的是,我国在对青少年的违法犯罪的调查中有这样的统计,经常因一时情绪冲动而犯罪者在全部青少年犯罪者中占

第七章 宽恕的力量:消灭啃噬幸福婚姻的虫

ZHUAN GUO WAN JIU SHI XING FU

60%以上。脾气大者,骂人打人只图一时痛快,不顾后果。也许他们心里确有不平,借题发挥,也许他们想表现自己的强大,以使人不要小瞧自己,可结果往往是使自己身心健康受到了损害。

女人应该改变自己爱发脾气、性情暴躁这个坏毛病,使自己不再是男人眼中的"火药桶"。一旦发现你体内的"火山"有爆发的倾向,就应立即制止或者把它发泄掉,但必须在不伤害自己和他人的前提下进行。以下几招可供参考。

1. 将"怒火"扼杀在摇篮里

任何一种情绪在刚开始的时候都是容易克制住的。当你开始觉得不愉快、气愤的时候,不妨尝试着延迟开口说话和反驳的时间。"10秒钟之后……20秒钟之后……我再说话",或者干脆在生气和体内充满怒气的时候不要说话。

2. 多回头想想

不要一味地想对方怎么让你恼怒,多"回头"想想:他并不是我不共戴天的仇人,他并没有怎么损害我,也许他并不是有意的。

3. 找个"出气筒"

要是能够在不伤害他人的前提下把怒气发泄出来,也是很好的办法。比如,有的女孩子喜欢生气的时候逛街、吃零食,以此忘记恼怒的事;你也可以找个空旷的地方,大声喊出你要说的话;你也可以把一腔怨恨写在纸上,或者乱写乱画……

总之,办法多的是,多掌握一些控制和发泄愤怒的手段有利于自己的身心健康,也利于你和周围的人更加融洽地相处。

不对婆媳关系太"感冒"

家庭生活好比一把优雅的小提琴,夫妻关系是这把小提琴上最动人的一根弦,而婆媳关系便是这把琴上仅次于夫妻关系但又直接影响夫妻关系的另一根弦。婆媳关系能不能处理好,是家庭乐曲能否和谐的重要因素。

江燕与丈夫马国强恋爱时无话不说,卿卿我我,最终"有情人终成眷属",两人顺理成章地步入了婚姻礼堂。可是,在恋爱和婚姻中间却有着一道篱笆,隔开两个不同的世界。

恋爱期间不过是他们两个人的来往,而且是各自有各自的社交范围,有各自的父母亲友。江燕虽然对马国强的母亲有所耳闻却少有接触,顶多是偶尔串门,客客气气,没什么纠葛。但是结婚以后,他们成了一家人,婆婆成了江燕名副其实的长辈,接触多了、交往多了,问题也就不可避免地产生了。

有一次,江燕在婆婆家吃过晚饭后,在楼道里偶然听到婆婆与人嘀咕说,媳妇气量狭窄,对老人不尊重。江燕听后很是气愤,回到屋里一声不吭,丈夫和她说话她也不理。她在想,怪不得新婚那天的宴席上,自己高高兴兴地去向公婆敬酒,可婆婆却耷拉着脸,与别人说话,连一眼都没有看自己,怪不得听到熟悉的人说这个老太太不是好惹的。今天吃晚饭时,也是如此,自己刚把要吃的菜多夹了几筷子,婆婆就假惺惺地对坐在旁边的外孙女说:"不要吃得太多了,当心吃坏肚子……"

江燕越想越气,本来他们打算这次住在婆家的,可现在她却坚持要走,任丈夫怎么相劝都无济于事。无奈之下,丈夫与她一起回到了自己家里。面对妻子显而易见的怒气,马国强耐心询问妻子突然要回家的原因。江燕一字不答,一头扎进丈夫的怀里,用拳头狠击丈夫,弄得马国强丈二和尚摸不着头脑。

自此以后，江燕宣布再不踏进婆家门，也不许婆婆踏进自己的家门。

妻子与母亲的不和，使马国强成了一个真真正正的夹板人，但是他并不气馁。为了家庭的和睦，他一再提示、引导妻子。江燕在丈夫的强大攻势下，终于把事情明明白白地摊了出来，并且宣称：人家对我好，我可以对她更好；人家对我坏，我会对人家更坏。这就是我的做人准则。妻子的顽固并没有使丈夫灰心，他努力想改变妻子的认识。他根据江燕的想法，与母亲进行了一次开诚布公的谈话，母亲作了解释，说根本不是这回事。但江燕却说婆婆在狡辩，在抵赖。她回了丈夫一句"公说公有理，婆说婆有理"，然后就掉头走了。

本来好好的夫妻关系就此蒙上了一层阴影，夫妻之间再不像先前那样亲密无间、无话不说了。

结婚后，如何正确处理婆媳间的关系，往往是最令人头痛的一件事情。俗话说："婆媳不和十有八九。"婆媳关系的确是家庭生活中很难处理的一个关系，它不如夫妻关系那样亲密，也不如母子关系那样稳定，仅仅是因为儿子的妻子与丈夫的母亲而走到了一起，成为了一家人。这种关系，有时如同一副夹板，使儿子兼丈夫处于一种"夹心"状态。那么，看着心爱的丈夫在夹缝中求生存，做妻子的你肯定会万分心疼吧？想努力改善与婆婆的关系吧？在此为你支上几招，以供参考。

1. 时常与婆婆进行沟通

和人熟悉是从沟通开始的，要从闲谈起步。在与婆婆所谈论的话题中，你可以了解到她所感兴趣的事物，清楚她的习惯和价值观，从而加强你对她的了解。

2. 要和婆婆站在同一战线上

一般来讲，婆婆很容易把媳妇看成"编外人员"而心生隔膜，所以为了使婆婆早日接纳你，你必须要"更高、更快、更强"地灌输给婆婆一些"迷魂汤"，全方位地使她感受到你甚至比她亲儿子还要向着她。这是婆媳相处的重要一招。

当然，这需要一些高智商和一点大胸襟。你要坚决做到任何无伤大雅的问题都是婆婆有理，比如说，坚决拥护婆婆的营养方案，坚决不让富态的婆婆吃减肥药。由此，自会营造出一种亲近、融洽的气氛，使婆婆感觉到你就是他们中的一员。

3. 适当地示弱

在旧社会里,"多年的媳妇熬成婆",媳妇受尽了婆婆的欺负。可现在不同了,你又年轻又独立,她的宝贝儿子好不容易把你追到手,你在他心目中的地位可是如日中天。相比起来,婆婆却正好相反,所以她才会把你视为"竞争者",潜意识里会对抗你的"入侵"。而这些,正是她心虚、敏感的表现,由此,她才会和你斤斤计较,不肯示弱。

此时,你不妨照顾一下婆婆的不良情绪,遇到一些明明是婆婆做得不好的事情时,你尽可以大度一下,低下你高昂的头,表现出你已经服输。等到婆婆心气顺了,想必她也不会真的和你没完没了。

4. 巧妙地表示关心

在日常生活中,要学会巧妙地表达你对婆婆的爱意与尊敬。比如,适当地赠送礼物给她。礼物代表什么?就是表示出你是否真的观察到你身旁的人在日常生活中最需要的实用之物。送礼物不容易,但只要你用心,就能够察觉到什么东西能够送到她的心坎儿上了。相处久了,你的婆婆就能感受到你对她的一份体贴和照应。

5. 不要把婆家、娘家分得太清

结婚后,似乎就有了婆家、娘家之分,有了我父母与你父母之说,感觉上有亲有疏、有远有近。由此,夫妻间的矛盾就不可避免地出现了,为二人世界蒙上了一层阴影。其实,婆家、娘家都是家嘛!只要放宽你的心胸,很多问题都会迎刃而解。

6. 把婆婆当朋友

把婆婆当成年纪稍长的同性朋友,从性别上去照顾她,认识她。

7. 尊重婆婆

尊重、爱、理解、信任、体谅、感恩,这些用在友谊中的情感,也一样适用婆媳之间。

8. 为对方着想

你们爱着同一个人,情感的出发点是一致的,所以在家庭事务方面,要学会多为对方设身处地着想。

9. 知进退,有眼色

一个温文有礼的女人,是知进退、有眼色的。知道在长辈面前,什么该说,什么不该说;什么该做,什么不该做;什么能做,什么不能做。

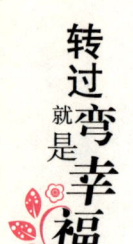

 不要做男人害怕的女人

两性之爱的本质从古到今都是不平等的,当男人遇到美人,什么事都有可能干得出来,要不然也不会有"不爱江山爱美人"的故事了。当然,这不包括那些从未懂得什么是爱的花花公子,他们不会考虑终点,而只会考虑征服下一座山峰。不过还好,大多数男人只是希望有一个真爱就已经足够,因为这已经很难了。

找老婆是正经男人生命中的必要命题。

但是,在恋爱期间,也是许多男人对女人观察的一个期间,他们会通过自己的观察来决定是否与对方结婚。

大多数情况下,男人都害怕与以下几类女人结婚。

1. 嫌男人穷的女人

许多女人在和男人恋爱的过程中,嫌对方经济条件不是太好,老拿这个话题来打击对方。对一个男人来说,这是没齿难忘的事情,就像一个女人永远不能原谅别人说她长得丑一样。因为压抑和自尊心的原因,男人一般不会和这样的女人结婚。

2. 一旦发生关系就托付终身

许多女人一旦和男人发生关系就会对男人说:"从此后我是你的女人,你必须对我负责。"这样的女人往往把自己当做一次性消费品来贬低自己的身价。其实,两情相悦,一定是你甘我愿的,怎么能认为自己蒙受了巨大的损失?所以,有许多男人也害怕娶这样的女人当妻子。

3. 为了钱嫁人

很多女人嫁人都不是为了感情,而是为了对方的钱,这就导致许多有钱的男人因为自己是个有钱人,太漂亮、年轻的不敢娶,怕人家图他的钱;年纪大的,姿色一般的,又不甘心。所以,在恋爱中,我们千万不要表现出因为钱才会嫁人。

现代社会里出现一种女孩傍大款的现象,好多男人也愿意养着一个女孩,但不愿意和她结婚,就因为知道对方喜欢钱,所以,他们为了彼此的需要结合到一起。但是,过了一定的时间,男人的新鲜感结束后,就会提出分手,这就是许多喜欢钱的女孩的结局。而且,有许多女人在双方关系结束后,可能是既损失了青春,也没有得到钱。

4. 纠缠不清

骨子里,有许多居家男人所要的不过是一点浪漫、一点寄托、一点意外和惊喜。他自己最希望的结果是,在什么也没发生之前,快快收手,几方都相安无事,可有的女人偏偏纠缠不清不让他如愿,结果关系搞得很僵。

张大龙有了女朋友后,很意外地碰到了以前高中的女同学,双方因为友谊或者年轻时的一点青春回忆来往了几次,女朋友就纠缠不清地和他吵闹。实在无法忍受了,他只好提出了分手。

5. 喜欢批评对方的父母、亲戚和朋友

许多女孩在恋爱期间喜欢批评对方的父母,经常会说你妈如何如何、你爸如何如何,或者说你们家人如何如何不好之类的话。这样会招致对方的反感,认为你结了婚后一定与自己的父母不和,所以,他就不敢与你结婚了。同样,你评论他的亲戚和朋友,也让他的自尊心受挫,让他的心远离你。

6. 没完没了

大部分男人对女人的哭泣、追问"爱不爱我"之类的重复性行为只有两分钟热情,两分钟后,他想的更多的是:"我想知道晚饭吃什么。"这种情况可能来源于男女大脑的构成不同。女人的大脑,感情中枢紧邻着语言中枢,而男人产生情感的脑部组织,则是和他的语言组织完全分开的,因此才会在日常行为中表现出这种不同。总之,我们要学会平衡自己的心态,千万不要没完没了,时间长了,可能会把男人吓跑了。

恋爱是两个人婚前必须走的一个过程。在恋爱期间,要把握好自己行为的分寸,也要有自己的风度,不要因为自己的任性和随意毁掉了双方的感情。当然,以上几种情况只不过是一种大概的情况,在实际生活中,还需要我们自己去理解和观察。

转过弯就是幸福 —— 幸福女人要懂得的心理学

 丈夫不是贼，别疑神疑鬼

　　毫无根据的猜疑是婚姻的大敌，它使人自寻烦恼，甚至导致双方感情的破裂。猜疑一般总是以某一假想目标为出发点进行封闭性思考，它带着强烈的主观色彩。婚姻不是一个人的事，它需要两个人共同经营，这样日子才会越过越精彩。

　　小柯和雨心已经结婚半年多了，双方感情十分融洽。正当生活之舟顺利驶向彼岸的时候，突然遇到了"猜疑"暗礁。

　　那天，雨心下班正好路过一家电影院，见门口一对男女青年正在交谈，随即双双进了电影院。雨心简直不敢相信自己的眼睛，因为那个男的正是小柯。

　　在回家的路上，雨心思绪烦乱，她想起了自己和小柯结婚半年多来，有几次约小柯看电影，小柯都吞吞吐吐地拒绝了。这个同小柯一起看电影的女青年看来还和他挺熟！她又气又恼，痛恨小柯欺骗了自己。

　　晚上小柯回家后，见雨心脸拉得老长，便问她究竟出了什么事？雨心没好气地说："你自己知道！"还骂小柯"不要脸"。小柯被骂得莫名其妙。

　　其实，和小柯一起看电影的那个女青年，是小柯一个要好同事的新婚妻子。那天，小柯的同事因厂里紧急加班，不能同妻子一起去看电影，打电话通知又来不及，为了不使妻子在电影院门口久等，他就请小柯代为通知。小柯和她本来就相识，她见多了一张票，就问小柯想不想看，小柯就大方地接受了。这本来是同事朋友间正常的交往，可是雨心却想歪了，不但冤枉了小柯，而且还伤害了彼此之间的感情。

　　莎士比亚的名著《奥赛罗》中描写了国王的女儿苔丝德蒙娜冲破家庭和社会的重重阻力，同奥赛罗这样一个出身卑贱、肤色黝黑的将军结婚，婚后的生活十分美满。然而，奥赛罗的部下军官尼亚古出于卑鄙自私的目的，编造谣言、制造陷阱，挑拨他们的夫妻关系，使奥赛罗对忠诚纯洁的妻子产生了猜疑

140

之心,在一个漆黑的夜晚竟用被子把苔丝德蒙娜活活闷死了。后来,奥赛罗知道了事情的真相,追悔莫及,自刎于妻子脚下。

生活中不乏因猜疑而损人害己的事例,因此,在婚姻生活中应设法克服这种不正常的心理现象。

一些女人在婚姻生活中常产生猜疑心,一个重要的原因就是思维方法上主观臆断的色彩太浓,无根据地加强心理上的消极自我暗示。解决猜疑心的方法很简单,那就是多和对方交流思想,交心才能知心。人们常说:"长相知,才能不相疑;不相疑,才能长相守。"夫妻在婚姻生活中,只有做到襟怀坦白,开诚布公,才能相互信任。有了这个牢固的基础,主观色彩很浓的猜疑心自然会烟消云散了。

我国著名电影演员达式常仪态潇洒,风度翩翩,尤其是他塑造了许多栩栩如生的人物形象后,不少多情姑娘纷纷写信给他,向他表露衷情,有的还寄上楚楚动人的照片,愿意同他交个"朋友"。达式常把这些信都交给了妻子王文皓,因为他信任妻子。妻子也从来不干涉达式常的工作需要,不止一次地对他说:"片子中该怎么演就怎么演,我相信你!"尽管达式常因工作需要,经常离家外出,同姑娘们打交道的机会也很多,但王文皓从来没有猜疑过。

有了像达式常夫妇那样的互相了解和信任,猜疑的蛀虫就难以在人们的婚姻生活中生存。

事实上,不少猜疑都是由别人的闲话引起的。所以,对于别人的闲话要分析。应该看到,生活中"长舌妇"确实有,即使有些亲朋好友出于好心,向你通报你爱人的外遇情况,也不能一听就信,因为很难保证这些情况中没有失真的成分。

当你对丈夫的怀疑越来越重的时候,要尽快提醒自己及时"刹车",想办法加上一些"干扰素",如"也许是我弄错了"、"他不是那种对爱情不专一的人"等等,以打破自己的怀疑。条件允许时,可做一点调查,以澄清事情真相。

正如前面所说,人在猜疑的时候,容易为封闭性思路所支配,这时,自己的冷静克制绝对必要。要多设想几个对立面,只要有一个对立面突破了封闭性思路的循环圈,你的理智就可以及时得到召唤。冷静分析以后,仍然难以解除猜疑,那就应该及时同恋人交换意见,当然方式方法要注意。就拿雨心来说,可以心平气和地问小柯:我看见你昨天去看电影了,电影怎么样?小柯一听当

然知道是怎么回事了,他就会主动地把情况向雨心解释清楚,误会也就解除了。如果那个女青年的确是"第三者",他的神情肯定会表现异常,言语也会有悖逻辑,那时,再问缘由,更合乎情理。有了猜疑却长期闷在心里,就像雨心那样,自己越想越气,丈夫却感到莫名其妙,结果既解决不了问题,还可能使矛盾进一步扩大甚至会恶化,于人于己都不利。

因此,要想使婚姻生活永远和谐温馨,就应该增加对双方的了解和信任,将猜疑心丢掉。

 别做爱唠叨的话匣子

俗话说:"三个女人一台戏。"这话当然不是什么夸人的话,无非是说当一群女人聚在一起时话就比平时要多得多:什么某人的男朋友阔气、浪漫;什么自己老公的事业不如人意,不懂爱情;什么孩子不懂事,不知该怎么教育……

这些爱唠叨的话匣子不仅在外面说、和女人说,一到家里更是彻底打开了扬声器,想收都收不住,而她们的男人也就成了免费的、逃也逃不掉的听众。对此,女人们总会有自己的一大套说词:"就是因为他是我老公,所以才说他。再说,我也是为他好,是爱他、在意他,换了外人还懒得说呢!"

可是,老公不是孩子,可以任女人整天吆五喝六地说来道去,家庭也不是幼儿园,习惯性的唠叨会让丈夫产生强烈的逆反心理,他们的容忍度是有限的,终会在某一天如火山般爆发,或显性,或隐性。

小李的老婆就是一个典型的"唠叨王",连小李自己都怀疑:恋爱时候那个天真、可爱的女孩哪儿去了?怎么做了老婆就变得这么爱唠叨起来?在老婆的眼里,自己简直就是一个永远长不大的孩子!

早晨起床时,老婆会说:"你看你,被子怎么叠得乱呼呼的?"

"不就叠一床被子吗?你以为是军营?"小李心里暗想。

"老公,牙这么快就刷完了?还不到一分钟吧,是不是又偷懒儿?"

"我还要赶时间上班呢,刷牙哪用得了那么长的时间?又不是磨刀!"

小李刚要出门,老婆又在后面喊:"老公,还没吃早餐呢,至少要喝杯牛奶再走。"

小李心想:每天都吃这个,快腻死了,我还是比较爱吃街头的烧饼。随即对老婆说:"来不及了,我还是去公司吃吧!"

这是早晨的唠叨声,在这时暂告一段落。

小李在公司工作一天忙得天旋地转、头晕眼花,终于到了下班的时间,本想这下可以轻松了,没想到老婆的电话此时却猛然响起:"喂,老公,下班了吗?赶紧回家!"

小李应付着说道:"知道了,马上回去。"可他心里却在说:"明知故问,不回家干啥?废话!"

假如小李路上遇到堵车,手机声可能就会连成一片——

"你怎么还没回来呀?"

"还有多长时间?"

"怎么总是堵车,就你倒霉。"

老婆总是唠叨个没完,不听不行,而听着又总让人心烦,所以小李对付她的办法只有一个——一只耳朵进,另一只耳朵出,千万别当真,更不能较真!否则,准是天天都开战!而这还不算完,小李前脚刚踏进家门,老婆的唠叨又开始了——

"哎呀!快去换鞋,别把地板弄脏了,我都收拾半天了。"老婆大声地嚷道。

小李道:"不会吧?我的鞋有那么脏吗?再说,你有时不也没换鞋吗?"

老婆马上辩解道:"什么时候?我怎么不知道!"

小李不予理睬,径自坐在沙发上看电视。

老婆又说:"一回来就知道看电视,赶快到厨房帮我打下手。不然,还想吃饭吗?"

到了吃饭的时候,小李的耳根也得不到清静——

"别只知道吃肉,多吃些蔬菜,知道不,这样对你有好处!"

"瞧我做的菜,色香味形堪称一绝,再看看你,笨手笨脚的!"

面对诸如此类的唠叨,小李经常靠敷衍了事去应付,只盼吃完饭,能痛痛

第七章 宽恕的力量:消灭啃噬幸福婚姻的虫

快快地看上一场球赛。

不幸的是,老婆的声音再次响起:"这个台不好,快给我看电视剧,今天大结局!"

每到这时,小李都在想:"得,好男不跟女斗,惹不起躲得起。"回书房看书总可以了吧!

可是,用不了多长时间,老婆又一次出现在他的眼前:"书好看还是我好看?我难道那样让你烦吗?"

……

男人喜欢女人的清纯可爱、持家有道;男人可以容忍女人的无理要求,愿意花费心思宠爱她们。但是,世界上没有哪个男人会喜欢、欣赏爱唠叨的女人,也没有任何男人会敬重爱唠叨的女人!因为像小李的老婆这样爱唠叨的女人,在"演讲"时,很少真正考虑到"听众"的感受,她们通常只想到自己的发言,却根本不想做一个听众。

在男人的眼里,家庭是一个人在繁忙工作后歇息的地方,累了,可以躺在床上休息;饿了,可以吃自己喜欢吃的东西;烦了,还可以看电视、听音乐……

对男人而言,家庭更是一个人避风的港湾。在他受委屈时,你是他可以倾诉的对象;在他遇到挫折时,你可以协助他渡过难关;在他身处异乡时,唯一能够想起的是家中的你——你的一个电话,能够使他获得精神上的依托,让远在异地的他了却相思之苦……

而女人的唠叨,却经常会让男人无所适从,由此,他们逐渐地对女人产生反感,甚至感到绝望,他们从此会视女人的话为耳边风,会变得爱答不理,他们对女人的举动开始漠视。

久而久之,在爱唠叨的你和你的老公中间就会出现一条不可逾越的鸿沟!他们宁愿独自在外面漫步,也不肯回家看望娇妻;或者他们从此沉迷于醉酒之中,只知道一醉解千愁……

一个成功的妻子,如果想要保持在老公眼中可爱的形象,最重要的不是挑选适合自己的化妆品,也不是穿着华丽的衣装,更不是在商场中购买昂贵的首饰,而是要管住自己的嘴巴——做一个不爱唠叨的妻子!

因为,做一个不爱唠叨的妻子好处多多——

不唠叨的妻子,能够掌握老公的心理,她们懂得"沉默是金"。在老公面

前,好话不在多———一句顶十句!

不唠叨的妻子,懂得维护老公的脸面,捍卫他身为男人的尊严。

不唠叨的妻子,懂得怎样珍惜夫妻间的感情,使一个小家成为两个人永恒不变的温馨爱巢。

不唠叨的妻子,永远都能得到老公的关爱和赞赏。

所以,在现实生话中,女人们必须时时提醒自己,永远都不要做一个爱唠叨的妻子,因为唠叨并不能让你备受关注、体贴和赞赏。

 **不要试图改变伴侣的本来面目**

聪明乐观的女人往往能尝试着让自己的心灵变得通达起来,让爱在一种平淡中走向坚固和永恒。

男人爱上一个女人的同时,并不希望在爱的约束下丧失自己的一片天空。男人在乎爱情里的默契、宽容和理解,因为这种爱不致阻止男人身心释放地闯荡人生——毕竟,在男人的眼里爱情并不能代表人生的全部。

聪明的女人懂得:不要试图改变配偶,将对方修正为第二个你。不要责骂或批评,那样永远不可能改变一个人。

不仅如此,你也不可能通过批评掌握全家,让家人按你的意志行事。

不妨想一想:这些年的婚姻生活中,你通过责骂和挑毛病使他改变了多少呢?你可能认为自己是好意,你以为可以把他改变成自己想象中的那样,但是你成功了吗?

假如你想通过批评把丈夫变得成符合你的标准,那最好不要做这个梦了。

记住这一点对你最有价值。你一生中可以改变的只有一个人,那就是你自己——别无他人。因此要按伴侣的本来面目接受他。这样做,你会更加幸福。

第七章 宽恕的力量:消灭啃噬幸福婚姻的虫

ZHUAN GUO WAN JIU SHI XING FU

曾有一位妇女,她有两个孩子和一个多年来一直醉醺醺没工作的丈夫。大部分时间都靠她在百货商店工作养家。她的丈夫真是有些问题,她迫切地希望改变丈夫。

所有让丈夫戒酒的方法她都试过,但均告失败,无一能持久。出于特殊的宗教原因,她不想和丈夫离婚,但同时,她不能接受他那种样子。既然她无力改变他,她的痛苦和失望也就越来越深。

后来,有一天她有了婚姻生活中的最大发现。"我根本就没办法改变我的丈夫,解决不了他的酗酒问题。"她告诉自己,"但那是他的事,不是我的事。我无力改变他,也不能解决他的问题。我不能替他生活。他是个病人,是个酒鬼,我必须马上放弃努力让他戒酒的想法。从现在开始,我不再用他的问题来折磨自己。事情是怎么样,我就怎样接受。"

"我当然会照顾他,因为他是我丈夫,无论如何我爱他,但我不会再尝试改变他了。我将按他的本来面目接受他,并在这种条件下,尽我所能把自己和孩子们的生活安排好。"

太太最终向自己承认她无力改变丈夫。她的新观念为自己和孩子们都创造了奇迹。这种新观念没能让丈夫把酒戒掉,只有他自己可以戒。但是,除了他仍酗酒外,太太和孩子们又都过上了相对正常和幸福的日子。

认识到不大可能改变你的丈夫也同样能帮助你。事实上,只有按本来面目接受配偶,你的婚姻生活才能幸福快乐。

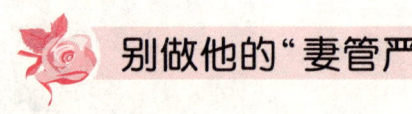

别做他的"妻管严"

一个好妻子应该能够通过言传身教,把自己的老公培养成为一个有教养、有责任感、有能力的好男人。当然,在这种说法中,妻子其实是自觉不自觉地在家中扮演了"教官"这个角色。可事实上,妻子绝对不是学校的校长,而老公也不是学校的学生,他们不需要妻子像对待学生那样对自己进行说服教育、指手画脚,这样的妻子只能带给老公更多的压力。

在结婚初期,有许多老公为了宠爱娇妻,常常是心甘情愿地做牛做马、任劳任怨,像陀螺一样在妻子的"鞭策"下过日子。可是,这种现象发展到后来,就逐渐形成了妻子掌权的局面。而很多妻子们为了使老公能够达到自己的标准,不仅在生活上调教老公该如何如何做,就是在工作中,她们也会给予老公多方的"指点"。聪明过头的她们自认为老公离开自己就无法生存。

可是,这些"教官"式的妻子却忽视了一个最基本的问题——作为一个男人,他也是有自尊心且把面子当生命的,他不希望自己永远在妻子的"调教"下生活,他需要的是一个温柔善良的女人。也许老公在妻子面前常常表现得唯唯诺诺,但这并不表示老公就是一个家庭的"男佣",作为妻子,更不能像教育孩子一样对老公吆五喝六,那样的结果只能导致老公对自己的反感。

在外人的眼中,王浩夫妇绝对是一对模范夫妻,两个人每天双宿双飞,事业上也都取得了令人艳羡的成就。王浩是一所学校的特级教师,妻子则是外企的业务骨干。他们在婚后省吃俭用,不到几年间,夫妻俩不但买了房子,还有了十多万元的存款,简直羡煞旁人。

可实际上,他们的婚姻生活却并不幸福。因为妻子的经济收入一直在王浩之上,所以,妻子总是把"经济基础决定上层建筑"这句话挂在嘴边,在家中时常对王浩发号施令、指手画脚。在王浩累得满头大汗后,妻子还会有所不满——

"你看你,做完饭怎么不把灶台擦干净,时间久了会生锈的。"

"老公,今天你做的菜怎么这么咸呀?你自己吃吧!"

还没等王浩吃完饭,妻子又说:"你洗衣服时,怎么还落下了一件,真是的!再说也没洗干净,做事不认真,你别吃了,过来我教你怎么洗衣服。"

"你首先要将洗衣粉用热水溶化掉,然后再注入凉水,再……"妻子立刻"教官"式地为王浩指导起来。

最后她还会温柔地说上一声:"老公,学会了吗?以后一定要注意啊!"

"教官"做好指导后走了,王浩站在那儿,有些不服气地说了句:"既然你什么都会,为什么不自己动手?"

第七章 宽恕的力量:消灭啃噬幸福婚姻的虫

在王浩还没回过神儿来时,妻子的声音再次响起:"老公,看看!这是你扫的地吗?这儿有个纸屑,那儿有根头发,瞧瞧,这儿还有些该扔的垃圾……把扫帚拿过来——重扫!哎,真不知道你眼睛长哪儿去了?"

王浩拿起扫帚一边扫地,一边自言自语地说道:"你又不是教官,凭什么总是对我指手画脚的。"

他刚要休息一会儿,就听见妻子又说:"老公,没事干了?把柜子擦一下。"手拿抹布的王浩正要擦电视柜时,妻子马上说道:"老公,等我把电视看完,你再打扫卫生,要不然挡着我的视线。"

王浩冲着妻子嘟囔了一句:"就知道看电视。"

晚上临睡前,妻子的"教导"再次上场:"老公,你明天上班穿哪身衣服?"

妻子的问话对于王浩来说简直就是"废话",不论自己喜欢穿什么样式的衣服,只要妻子认为不合适,肯定又是一阵"说服教育"。

不仅如此,在工作中,妻子也是他的忠实"教官"。她经常指导王浩——"你应该多接触校长,讨好他,并且时常请他吃饭,只有这样才能在他心目中留下深刻印象,你才会有升职、加薪的希望。"

"老公,千万不要和一群不学无术的人在一起,他们只会让你堕落!"

随着时间的推移,王浩渐渐厌倦了这种"妻管严"式的生活,他以各种理由晚回家,他宁可去网吧陪着不相识的人聊天,也不愿回家听从妻子的"管制"。

不得不承认,王浩的确是一个好男人。曾经,因为珍惜夫妻间的感情,他甘愿接受妻子对自己的"教诲",对妻子的"管教"总是言听计从,很少做过激烈的反抗。他觉得在一个家庭中,个人的得失无所谓,能够维系一个家庭中夫妻间的和睦才是最重要的。王浩的妻子却不以为然,反而总觉得是自己领导有方,对老公管教得当,老公才会如此地俯首听命。她从来没有考虑过王浩的感受,甚至在人前人后炫耀自己的"功劳";她觉得这是一种"快乐",并且把这些所谓的"快乐"建立在老公的痛苦之上。

尽管男人能够容忍女人说自己"不够帅"、"不幽默"甚至于"傻瓜",但是没有一个男人愿意听从女人"教官"式的指手画脚。或许你会因为老公为你做的事情不多而埋怨,或许你会因为老公的地位不如人而不满,不过你可曾想过,这可能正是因为你对他过于挑剔而使他失去自信造成的?

在夫妻生活中,妻子永远不要给老公太多的压力。两人都是在为自己的

事业在外奔波,每个人活得都很累,你不要再让他为了你而背负更多的负担。因为你是他的妻子,并不是他的老板,没有谁会喜欢回了家还被指手画脚地被要求做这做那。

老公为你做事,其目的就是为了能够取悦你、令你快乐,就算是他的表现不合乎你的标准,你也不应该当面批评他,或是教他该怎么做,更不能对他指指点点。你应该帮助他,让他意识到自己的错误行为,并且逐渐地改正。

假如他做了一顿很难吃的晚饭,你应该试着夸他的厨艺有了很大的进步。下次当你下厨房时,可以让他到厨房做你的帮手,好让他看你是如何做菜的,使他不断地提高手艺。但是,在这个过程中,你千万不要带有任何的指责,对他施加压力。否则,只会大大地挫伤他的积极性。没有一个男人会喜欢一个只会在背后双手叉腰、对自己指手画脚,给自己当"教官"的懒惰妻子。

聪明的女人们,在你们对老公指手画脚的时候,在你们要求他们这样或那样的时候,在你们嫌弃身边的老公诸多不是的时候,在你们孤独寂寞想要老公陪伴在你们左右的时候,请你们仔细想想,如果老公也同样以"教官"的命令口吻对待你们,你们自己又会是怎么样的心情呢?

 别把老公当成比较的靶子

生活中,我们常常会听到一些妻子对老公发出这样的声音——

"你和××同时进那家公司的,人家现在都已经官升两级,是个经理了,你怎么才当了个小主任啊!"

"我哥哥买得起毛皮大衣给嫂子,他有本事赚钱,可你呢?"

"如果我当初不嫁给你,而是嫁给××,一定比现在过得好!"

"你看看人家××的老公,比你体贴多了!"

"你怎么这么没用呢?我嫁谁都比嫁你强!"

转过弯就是幸福
幸福女人要懂得的心理学

"你看看人家老公多帅气,再看看你这窝囊样!"

这些话语都是最高明的杀人不见血的"利器"。听到这些话,老公的鼻子一定会被气歪,而家里也会不可避免地掀起一场"腥风血雨"。

攀比,似乎是很多女人性格中一种无法逃避的劣根性。女人们常常会忍不住把自己身上的和身边的某些东西拿来和别人的加以比较,尤其是自己的老公,拿来作为和别人比较的靶子,那更是家常便饭。

有人形容,女人是城市中的一道风景线,因此,如果没有女人之间的相互攀比、争妍斗奇,风景又怎会"亮丽"呢?但是,假如女人们不按照自己老公的实际能力和特点,盲目与人攀比,那就是过分虚荣了。

很显然,有这种想法的妻子往往崇尚的是"夫荣妻贵",为了满足自己的虚荣心,她们不惜给老公施加各种压力,使老公精神紧张,甚至为此不堪重负。于是,本来平静的婚姻生活被搅得波澜频起,夫妻间争执不断、吵闹不停,妻子愈比较愈觉得老公缺点太多,老公则愈来愈觉得妻子让人无法忍受,一场家庭悲剧的大幕就此被徐徐拉开。

宋明的家庭按时下的说法是最稳定型的,因为他和妻子两人都是公务员,家里的经济是细水长流、旱涝保收的,既不会瞬间暴富,也不会在一夜之间变成穷光蛋。

早几年,他们的家庭生活的确是让人羡慕,工作稳定、收入偏上、住房宽敞,两人也算得上是小康阶层吧。虽然当时日子过得很轻松,但宋明仍然在隐隐约约间感觉到了婚姻中隐藏的危机,而这危机的起源就是妻子的攀比心理。

宋明是一个高大帅气的男人,结婚后同样魅力不减,引人注目。为此,宋明的妻子没少获得众人羡慕的眼光和嫉妒的言语,而她也总是以此为荣,沾沾自喜。

宋明素来不善应酬,也厌倦没完没了的交际,但每当有聚会的场合时,妻子都会坚持让他陪伴左右。宋明拗不过妻子,也就只好硬着头皮跟她去。而每每谈及非要他去不可的原因,妻子总是说他是男人,他去了好拿主意。但宋明感觉得到她的真实意图,她要的是高大潇洒的他站在她身边的荣耀,喜欢的是他的风度出众带给她的满足和骄傲,她享受着这种与人攀比之后的愉悦心情。尽管妻子从不这样讲,但宋明心里很清楚。多年的夫妻生活,使他对个性直率、口无遮拦的妻子很了解,她的一举一动都逃不过他的眼睛。可是,也因

为多年的夫妻情分,宋明在这方面也尽量避免与妻子产生冲突,处处让着她、迁就她。

如果生活就这样波澜不惊地一直过下去,也许宋明夫妇还会是那对人人称羡的模范夫妻。可遗憾的是,就在他们的生活维持原样的时候,周围的朋友、同学却早已不是当起了经理,就是开上了私家车,要么就住进了复式楼里。跟这些家庭相比,宋明夫妻的那点工资自然是无法相提并论的,人家妻子的一套衣服可就值他们夫妻二人一个月的全部薪水。不过,宋明向来是知足常乐之人,并没有把这些看在眼里,但妻子的想法却与他大相径庭,始终不甘落于人后。

妻子的好友给孩子买了一架钢琴,妻子不想丢了面子,也不管自己的儿子对钢琴有没有兴趣,就买了一台回来放在家里;市面上流行什么首饰,妻子也一定要拥有;后来几年,妻子竟然又迷上了换手机。宋明和妻子两个人都是普通的公务员,妻子这样大肆挥霍,家里自然是无法负担,而这更让妻子的心理不能平衡,于是,家里的火药味也就渐趋浓重。

宋明为了讨得妻子的欢心,为了家庭的安宁,也为了改变这种原地踏步的生活,最终决定报考博士研究生,而这也终于换来了妻子久违的微笑和体贴。

宋明在学校苦战了一个学期后,便迫不及待地往家赶,希望尽快回到妻子身边,享受一个温馨而轻松的假期。谁知话还没谈上两句,妻子就又对他"循循善诱"起来了。她不断地在宋明面前说:某某的老公不久前拿到了美国的全额奖学金;某某的老公已经做了博导;某某的老公从国外读完MBA归来,被几家外企争着要,年薪高达8万美元等等。为了不落后于"某某"的老公,宋明从回家当晚就开始埋头苦读,大门不出,二门不迈,原先想好的所有休假计划一样都不敢实现。

同一年,岳父70岁大寿,宋明陪着妻子回家贺寿。寿宴之上,做总经理的大女婿送了一块高级劳力士表,自己开公司的二女婿献上了10000元现金,而宋明的贺礼却只是区区1000元。宋明的妻子看到后,脸上立刻露出不快。宋明知道她心里不好受,悄悄从桌下伸手去拉妻子的手,不想被她攒足了劲踢了一脚,宋明的脸也沉了下来。回家之后,两人自然又是一场大战。

妻子永无止境的虚荣和攀比,让宋明感到疲惫不堪。他无奈地说:"虽然我现在有了看似光明的前途,但我却觉得自己像大海中一叶偏离航道的小舟,

第七章 宽恕的力量:消灭啃噬幸福婚姻的虫

找不到避风的港湾。"

宋明的一句话，其实是道尽了天下所有被当成比较的靶子的老公的心声：爱攀比、好虚荣的妻子实在是太"恐怖"了！

也许你认为，自己比较的目的在于激励老公进步，可惜事与愿违，你的抱怨、比较、轻视只会拖垮他的自信心，撕掉他的自尊心，成为他前进路上的绊脚石。

你应该明白，当你真正从心底里觉得老公好的时候，你是不会拿他去与别人做比较的，只有在不满的心态下你才会拿他来做比较，而且肯定只会比较出他的不足之处，因为此时你是在拿他的缺点同别人的优点相比。当然，也许你的比较并非是真的想要挑剔老公，只是希望让他成为你所需要的样子。而这一点恰恰是你大错特错之处，因为你所需要的那种面面俱优的老公往往是在现实中不存在的。

当然，鼓励老公发愤图强并没有错，但是，在这过程中，你首先应该让老公感受到你的爱，他自然就会为了爱你而追求进步。否则，你的比较只能让老公看到你的抱怨和不满，而不会激发他的进取心。试想，有谁愿意为了一个抱怨自己的人而改变呢？而且，在逆反心理的作用下，你对自己的老公愈不满意，他就会变得让你更不满！

世界上最具破坏力，最使男人感到恐惧、厌恶的，就是被他们最亲近的人拿自己去与别人比较。即使他具备所有值得你夸耀的优点，但那仍然不是你拿来攀比的资本！相信聪明的你，一定善于体察老公的这种心理，给他以适当的关怀、适时的体恤。

家丑别外扬

现代生活中,有不少女人,家中一旦发生了什么事,就免不了找人诉说一番,或倒倒委屈、或抒抒幸福,以博得别人的同情或羡慕,求得心里的畅快或满足。殊不知,这种诉说与抱怨,往往是在无意之中以出卖夫妻隐私为代价的——"出卖"的不仅仅是老公,而且还"出卖"了自己,"出卖"了整个家庭!

家庭是最私密的场所,婚姻是最私密的关系,家庭隐私是一个家庭独有的秘密,是家庭中最不容外人了解的、独特的东西,无论是丑的、有缺陷的,还是美的、圆满的,也无论是夫妻隐私还是财产机密,都有一个共同的特征:不宜告人,不宜公开。所谓"家丑不可外扬",正是人们对待家庭隐私的一般心理:是花,开在自家园中;是刺,刺痛我自己。

可惜的是,偏偏有些女人了解不到这一点,十分嗜好在女伴中间谈论自己家中的"秘闻"乃至发生在夫妻之间的隐私事件,且进行互比互评,以获得某种心理上的充实感。这种做法无疑是非常不可取的。

人们常说,家庭是温馨的港湾,是夫妻的休憩之地。可是,如果一个家庭连夫妻间的隐私安全都不能保证,那么,这种婚姻生活还能温馨得起来吗?你的老公又何来胆量放松休息呢?而失去了老公关爱的你又何来幸福呢?

阿光和妻子小星在同一家银行工作,住的也是银行宿舍,夫妻俩的社交圈有一大半是相同的。本来这也没什么,但问题就出在小星是一个特别喜欢"露私"的人,常常搞得阿光十分狼狈。

小星有煲电话粥的习惯,每天晚上总要与好友在电话里聊天。蜜月里的一天晚上,阿光刚从浴室里出来,就听见妻子笑嘻嘻地拿着手机说:"他呀,那事挺厉害的,每次我都恨不得要求饶了……"接着她又嘀咕着爆出一连串的

第七章 宽恕的力量:消灭啃噬幸福婚姻的虫 | ZHUAN GUO WAN JIU SHI XING FU

笑声。

一听这话，站在门口的阿光惊讶得张大了嘴巴，直到妻子挂了电话，他才回过神来问："小星，你在电话里和谁说什么呀？"

小星嘻嘻一笑，说："是你们办公室的张小姐打给你的，你在洗澡，我就和她聊了几句！"看着妻子一副开心的样子，阿光也就没有再追问下去。

度完蜜月，阿光回来上班，却没想到自己竟在一夜之间成了单位的新闻人物。他和妻子度蜜月时的经历，甚至连他陪着妻子逛夜市、搂着她说的情话，都被单位里的人津津乐道。

阿光是一个沉稳内敛的人，在所有人暧昧的眼光中，他的脸迅速涨红。他怎么也没想到，自己的妻子竟像个小喇叭，将他们夫妻间的一切都毫无保留地传出去了。

当天回到家，阿光第一次冲着妻子发了火，可当他看到妻子一副泪眼朦胧、委屈至极的模样时，他的心又软了。

不幸的是，没过多久，更糟糕的事情又接踵而来。

一天，阿光刚到单位就被一群年轻同事围住，其中一个人大声调侃："阿光，听说你一钻进被窝，就砰砰地直放屁，炸得人家小星都没地方躲……"这话一说出口，在场的人都笑得直不起腰来，阿光尴尬得恨不能找个地洞钻进去！

不久后的又一天，阿光办公室对座的一个女同事突然递给阿光一张报纸，指着一则广告诡秘地对他说："听说这药不错，你试试看！"

阿光迟疑地接过报纸一看，顿时尴尬万分，原来是一则治脚气病的广告！

女同事却还在一旁说："阿光，你可真有福气，找了个好老婆，你一有病她就四处托人给你找药！"

下午下班时，阿光突然想起自己有份要改的报告在一位同事那里，便赶到了他家。进门时，阿光像往常一样准备脱鞋，不料那位同事的老婆却一步冲过来，连连摆手说："不用换，不用换了！"那架势就像在挡什么瘟疫似的。

见到自己不受欢迎，阿光拿上报告就告辞了。他刚一转身，就听见那位同事的老婆边关门边大着嗓门说："听说阿光的病很容易传染，你以后与他接触时注意点……"阿光一下子怔住了，直感到血往脑门冲，怒火冲天。

一回到家，阿光就冲着妻子发了好大一顿脾气，警告妻子以后别再将家里的事情说出去，小星也立刻表示同意。可是，当她下次再见到她那些"闺中密

友"时，她就又管不住自己的嘴巴了。

小星每每与阿光吵架时，都会找上几个亲密无间的好友诉苦，把自己和老公发生口角的情况和盘托出，以此说明自己如何如何受了委屈。这时，她每每都能得到成箩筐的安慰和同情，她的心情也因此轻松舒畅许多。但是，让小星意想不到的是，她的这些好友并没有替她和她的家庭着想，每次都要把他们夫妻的矛盾宣传出去，并且加油添醋、绘声绘色，不由听者不信。当这些经过膨化处理了的东西传入阿光耳里时，已经与真相大相径庭，有的是夸大其词，有的则纯粹是无中生有，使得他怒不可遏、忍无可忍。

于是，夫妻间的口角与争执逐渐升级，阿光指责妻子歪曲事实，败坏他的名声，使他在人前难做人；小星则感到万分委屈，说老公有意冤枉她、伤害她、嫌弃她。夫妻生活从此陷入了僵持状态，已再难回到当初的温馨和睦了。

恰逢这年夏天，小星到外地出差，与当地负责接待的一名男士很谈得来，正处在情感空虚中的小星在冲动之下与其发生了越轨行为。事后，她十分后悔，经过激烈的思想斗争，她向老公坦白了此事，请求他宽恕，并保证今后绝不会再犯。

阿光经过痛苦的权衡之后，认为此事之所以发生也有自己的责任，这段时间夫妻关系一直很冷淡，自己也疏于对妻子的关心，所以不能把过错都一味地推到妻子头上。而且，妻子现在能够主动坦白，恰恰说明她有悔悟之心，也十分珍惜这段婚姻。为了多年来的夫妻感情和孩子的将来，阿光原谅了妻子，并且答应不和她离婚，也不再提及此事，婚姻生活又恢复了原有的平静和睦。

事情发展到这儿，应该说是一个很好的结果了。但就在这关键时刻，小星的"露私癖"偏偏又发作了——外遇的风波平息不久，小星竟然就在一次与好友的闲谈之中，把整件事情说了出来，企图以此证明老公对自己是多么的好、有多么爱自己。她在赢来好友的羡慕之后，一再叮嘱好友不要泄漏此事。而满口答应的好友却转过身就将此事告诉了自己的老公，并也叮嘱老公切切不可泄漏。如此这般，这件"不可泄漏"的事情很快就泄漏出去了。

面对"圈中"男人的打趣、女人的玩笑，阿光感到很不开心，觉得自己受到了奇耻大辱。他愤怒地对小星说："做了错事可以原谅，但一再地做错事就不可原谅了！我们离婚吧！"这时的小星追悔莫及，但却已无能为力了——是自己一手葬送了自己的幸福，又能怪谁呢？

第七章　宽恕的力量：消灭啃噬幸福婚姻的虫

在夫妻的二人世界里,很多是是非非是说不清道不明的,"外援"的加入或如盲人摸象,不得要领;或似火上浇油,越劝越旺;或是隔靴搔痒;或是雪上加霜,其结果往往是越弄越糟。最可怕的是,这种"昭告天下"的方式,其实泄漏出去的可能是整个家庭的秘密,出卖的是你和你老公的感情、人格与尊严。到最后,不是留后患,就是成为别人的笑柄,无异于搬起石头砸自己的脚。

 ## 包容是相互的

爱情是相互的,就像埋下一颗种子,总希望有一天能发芽开花;付出一段感情,也总希望能有甜美的果实。永恒的爱需要彼此的包容与付出,生活中的争吵和责怪,是谋杀爱情的刺客,如果一旦面临矛盾就彼此埋怨,这种缺乏包容的爱是不会持久的,包容是一种品性修养,是良好心理的外在表现。至于外界的流言飞语,会在双方的诚信中将其化为乌有。只有包容的爱,才是持久的爱。

有一对热恋的情侣,他大她三岁,他并不是每天都会来找她,但电话每晚临睡前都会响起,说一些天冷了,记得加衣服,晚上别在被窝里看书之类的话。

所有的人都知道她有一个甘愿为她付出的男友。

她嘴里不说,心里却是得意的。他长相俊朗,才气逼人,是不少女孩暗恋的对象,这样的一个人,却独独对她用情至深。

每次他们吵架,他生气走开,但最后回头的总是他。他说,丫头,我们和好吧。后来他们在一起生活了,她是玲珑剔透的女孩,生活的琐碎让她不胜其烦,他主动承担了大部分的家务,照顾她,一如既往地宠着她。

但她却觉得,他开始干预她的生活了。某次她下班和同事喝酒,深夜才回去,他大为震怒,当夜睡到了另一个房间。

他们的争吵不断，每次都是他转身说对不起。但是她觉得等待他转身的时间越来越长。后来有一次，他们为一件小事争吵后，他走出了她的房间。

一天，两天，三天，她等着他转身。

一个星期后，她耐不住这种等待的痛苦，决定到外地几天，她想，当她回来的时候，一切都会烟消云散了。

然而当她回来时，她惊讶地发现，房间里已经没有了他的痕迹，并且他已辞职，去了外地。

她没有想到他会采取这种决绝的方式。她知道自己是深爱着他的，那么多的争吵都是因为自己任性，不懂得珍惜。而他，不是一直包容着她，扮演着感情的天使吗？

很久以后，她把这件痛心的往事讲给朋友听，朋友听了，突然说：为什么你不转身呢？

那一刹那，她泪流满面，多么简单的一句话，可是当初为什么她没有转身呢？

又有这样两个人决定离婚。他们之间没有什么大矛盾，但他们经常是为一点小事都要吵上好几天。男人赌气搬进了单位，只留女人守着空荡荡的家。

晚上，女人打开电脑，忽然收到一封先生发来的邮件。没有多余的话，只是叙述他刚刚看到的一段生活场景：

单位所在的那条街上有一对夫妻。丈夫是个孤儿，从小靠捡破烂为生；妻子是个精神病人，平时还好，发起病来就想往外面跑。这天，我看到那个丈夫在街上往回拉自己的妻子。妻子往外用力，丈夫往里用力。他俩没有任何争吵，妻子的脸上可见精神病人常有的疯癫表情，而丈夫的脸上没有任何无奈与烦躁，神情坦然。

先生继续在邮件中写道："我看到他们在街上来回拉着，两个人都在用力，路边的人一如既往地大笑着，可是我的泪落了下来。亲爱的，连一件像样的衣服都没有，连吃一顿像样的饭都成问题的夫妻之间，尚有一个清醒的人懂得守住夫妻之道，不离不弃地走过来，而我们生活无忧、神志健全的人为什么反而做不到呢？"

先生最后写道："宝贝，我爱你。"

来不及关上电脑，太太披上衣服，流着泪往外跑。她只想用最快的速度，

第七章 宽恕的力量：消灭啃噬幸福婚姻的虫

ZHUAN GUO WAN JIU SHI XING FU

实实在在地拥住她最爱的人。

学会包容你爱的人,包容你们的婚姻。如果你真的爱他,无论何时,好好地对他说一句"我爱你"。

婚姻的第一则箴言:互相包容。无论多相爱的夫妻也总有不和的地方,唯有互相包容,才能将这些不和抹平,把婚姻的未来变得甜甜蜜蜜。

夫妻之间最重要的基础是包容、尊重、信任和真诚。即使对方做错了什么,只要心是真诚的,就应该重过程、重动机而轻结果,这样才能有家庭的和睦,夫妻的恩爱。包容是善待婚姻的最好的方式,充分理解对方的行事做法,不苛求不责怨,如此,必然给对方以爱的源泉,婚姻一定如童话般妙趣横生、和美幸福。爱是一门艺术,包容是爱的精髓。

美好的爱情大抵如此,总会有无数次的转身,那个最先转身的人是他们爱情的天使,但如果每一次转身的都是同一个人,天使也会疲倦。因为爱情是相互的,不要总是要求对方包容你。人生苦短,岁月如梭,夫妻有缘尘世相聚,走到一起不容易,生活中要以包容为黏合剂,不断更新爱情,幸福生活才能直到永远。

第八章

无条件的爱：
打造美满家庭的心经

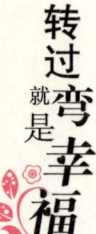

 让你的孩子读懂博爱

著名作家三毛曾经用自己的笔记述了这样一个小故事：有一位生活在撒哈拉沙漠深处小城的红发少年，他以幼小羸弱的身躯承担起独立照料贫病交加的父母的重任。从这个十来岁的少年身上，人们可以看到仁爱精神给人带来的巨大力量和无穷智慧。

虽然这是个小故事，也很普通，表现的只是对父母的关爱，但是对于一个孩子来讲，他从小就能做到爱父母、爱长辈、爱家庭、爱老师、爱同伴、爱学校；他多次拿出自己积攒的零花钱捐献希望工程，经常去干休所、车站、敬老院开展学雷锋活动，曾几次把自己的奖品赠送给家庭困难的小朋友，并拿出自己的奖学金救助失学儿童。长大后，谁说他不是拥有博爱胸襟之士呢？

苏霍姆林斯基在他的实验学校大门的正面墙上，悬挂着这样一幅大标语："要爱你的妈妈！"

当有人问苏霍姆林斯基为什么不写"爱祖国"、"爱人民"之类的语言时，他说："对于一个7岁的孩子，不能讲那么抽象的概念。而且，如果一个孩子连他的妈妈也不爱，他还会爱别人、爱家乡、爱祖国吗？"

"爱自己的妈妈"，这容易懂、容易做，而且为日后进行的爱祖国教育打下了基础。他还说："必须使儿童经常努力给母亲、父亲、祖父、祖母等带来欢乐，否则，儿童就会长成一个铁石心肠的人，在他的心里，既没有做儿子的孝心，也没有做父亲的慈爱，更没有为人民做事的伟大理想。如果一个人在亿万个同胞里连一个最亲的人都没有，他是不可能爱人民的。如果一个人的心里不能对最亲爱的人忠诚，他是不可能忠于崇高的理想的。"

在美国《商业周刊》杂志发布的"现代10位最慷慨的慈善家排行榜"中,美国微软公司总裁比尔·盖茨排名第一。

不仅如此,比尔·盖茨的夫人梅琳达也是慈善之人,这对夫妇在1999年至2004年期间,已经捐赠了256亿美元的善款(占他现在财产总额的60%),用来帮助发展中国家的医疗事业和卫生事业。同时,他们还积极推动一种"负责、透明、有效"的捐赠方式。

在比尔·盖茨向外界公开的遗嘱中,他是这样分配遗产的:"除了给自己的三个孩子每人留下了1000万美元和价值1亿美元的家族住宅外,其余98%的财产,将全部留于以他和他妻子的名字命名的基金会。"

比尔·盖茨认为,人在年轻的时候就拥有很多不劳而获的财富,对于一个站在人生起跑点的子女来说,并不是件好事。他觉得子女的人生和潜力,应和出身的富贵和贫寒无关。

比尔·盖茨称,多年的耳濡目染使他和妻子看到了在健康、教育、研究等领域还存在着很多不平等的现象。因此,他们决定将自己的财产用于解除这样的不平等现象。他还希望其他有钱人也能够将自己的财产回归社会,用于解决社会上存在的不平等现象。

关于爱心,请看下面现实生活中的一则小故事:

一个女儿问爸爸:"我们家有钱吗?"

爸爸说:"我们家没钱。"

她又问:"我们家很穷吗?"

爸爸说:"我们家不穷。"

6岁的女儿似懂非懂。

爸爸单位发起"冬季捐寒衣"活动。晚上,爸爸打理着一些家里一时穿不着的寒衣。女儿问:"这些衣服给谁?"

爸爸说:"送给穷人。"

她又问:"为什么?"

爸爸说:"他们没寒衣,过不了冬。"

女儿点点头,一副很明白的样子。一会儿,她拿来一件小棉袄、一条围巾、一顶帽子,说要捐出去。

爸爸正想鼓励她两句，不料她一把拉下爸爸的帽子说："爸爸，求您了，把这顶帽子也送给穷人吧！"

爸爸的心一震，为女儿那小小的心所感动。爸爸一直以为自己富有同情心，而在这之前，他却从未想过要将自己正需要的东西送给别人。

第二天，爸爸送她至校门口，看着她捧着那个小包裹一蹦一跳地走进校门，爸爸的眼睛渐渐湿润。爸爸高兴的是，女儿将比自己更富有。

当然，女儿的"富有"是精神上的，这就是一种博爱的精神。

 ## 别把男人当回事

只要女人不把男人当回事儿，便不会对没有男人的日子感到焦虑。

很多女人的情感历程基本上是从担心没有男朋友，到交了男友接着等电话，揣摩他想什么开始的。最后终于结婚了，又开始了等门、查手机短信和监看他邮箱的辛劳日子。好像男人都是吸血鬼似的，耗尽女人原本可以光华四射的元气。这是男人的错吗？还是女人自导、自演？

如果换个局面，也就是说，只要女人不把男人当回事儿，便不会对没有男人的日子感到焦虑，而会立刻发现有大把大把的自由时间可供利用，可以做这个，可以学那个，依然可以活得光彩亮丽。

有一个50岁的女人，从来都乐呵呵的，一会儿自己去加拿大玩，一会儿带着她80岁的老妈回山东探亲，根本不为结不结婚这事情烦心。前两年竟然和她以前办公室里已经离了婚的老上司好上了，两人皆有相互珍惜感，决定携手共度后半生，但是这个女人仍保持着自由、开心的状态，完全不是那种进入"围城"后的身不由己。由此看来，凡事不都在于自己吗？

假如女人真想靠爱情美容的话,那就应该有随时更换品牌的"雅兴",真正潇洒地看待男人。当我们在情感上不受制于人的时候,我们的身心就是自由的,这和男人是好是坏没啥关系。

怎样说男人才爱听

男人是不是有点儿不可思议?如果他钻了牛角尖儿,那么不仅自己固执,还会拒不考虑女人的感情和需要。但是,假如女人用积极的方式帮他作好心理准备,那么他就会对每件事都考虑得更加周到。

女人现在帮男人作的心理准备越充分,将来需要作的准备就越少。每次成功的交流,都能帮助男人在下一次接触中更有效地躲闪和避让。随着掌握的新技巧越来越多,笔者认为,从简单问题入手,逐渐提出难度较大的问题,是女人的明智之举。女人一开始就表现出支持态度,会使男人觉得容易接受。

正是由于男人在学习躲闪和避让时需要帮助,所以女人如果忘记停顿一会儿,使男人有所准备,她就必须记住:改过不嫌迟。如果她注意到男人在听他说话时很吃力,或者已变得心烦、恼火了,那么她就该采用一些适当的技巧,让自己停顿下来并使男人有所准备。

女人可以说:"我看你好像觉得……"这些话对男人很起作用,可以帮他冷静下来。男人听女人说话时感到心烦的另一个主要原因是,他觉得自己在受责备。女人有时三言两语就能改变谈话气氛,帮助男人灵活地避让。

女人在使男人准备听她说话时,最有效的一句话可能就是:"你不用说什么。"这个信息很重要,因为它使男人摆脱了需要为自己辩解的麻烦。此外,这句话还很亲切地暗示他不必解决她的问题。

女人一般情况下意识不到这一点，因为她在与其他女人交谈时，如果说"你不用说什么"，那是很不礼貌的。传统上，当女人以"女性"的方式交谈时，她说完之后，就该轮到对方说了；在这方面有个不成文的规定，即假如我听你说了五分钟，那么你也必须听我说五分钟。

但对男人来说就大不一样了。如果她说"你不用说什么"，并不会显得不礼貌——恰恰相反，男人会因此而得到解脱。这是一个简便易行的增进夫妻亲密关系的新方法。

女人常说的另一句话则绝对令男人恼火，这就是"你没在听"。女人说这句话时，男人总是感到很伤心，因为他正在以某种方式听或至少在努力听。即使他真的没在听，也很不愿意听到这种责备口吻，因为童年时妈妈发火常常这样训斥他。

长大成人以后，如果听到他的妻子说这种话，就会感到她在以高人一等的口气与他交谈，在拿他当个小孩子。这话听起来不仅是"小看"他，简直可以说是在"管教"他。正如女人不想象个母亲似的照管男人一样，男人也不想再有个母亲来照管他。女人的这句话使男人感觉自己正在受责备，其实女人只是想让人听她说说话。

女人说"你没在听"时，通常是因为男人没有对她全神贯注。他是用一部分心思在听，而女人却希望他用全部心思。

女人说"你没在听"，并没有传达正确的信息。确切的说法是"你没有充分注意我"。

在男人看来，这两句话有着天壤之别。后一种说法能够让他接受，但前一种说法却会拒他于千里之外。

女人说话时，如果男人心不在焉，或表现得心烦意乱，或者看着别处，女人通常要提高声调，向男人暗示：他没在听。女人觉得，提高嗓门就意味着说"你没在听"，只不过换了个说法而已。但这种表达方法结果会一样，男人还是听不进去多少，就像对孩子们大喊大叫也无法让他们听进去一样。

采用消极的批评方式不会奏效。遇到这种情况时，大多数女人的唯一作法就是怒气冲冲地扭头走开。虽然应付这种情况看起来似乎没多少高招儿，但其实还是有办法的。如果女人学会先暂停一会儿，让男人为倾听作一下准备,那么她立即就能得到满意的结果。

智慧的女人会给情敌一个台阶下

给别人一个机会,也给自己一个机会!

这是一个幸福美满的家庭。男人温文尔雅、风度翩翩,是一家企业的老总,女人聪明漂亮、善解人意,是机关公务员。丈夫深爱着妻子,妻子也深爱着丈夫。

不料有一天,她却发现他有私情。

那天,她去出差。在去车站的路上,突然想起一件重要的文件忘在家里,于是,她请出租车司机调转车头往回走。

到了家门口,还没来得及下车,她看见他慌张地打开房门,把一个女人放进去,又朝四周观察一番,确认没人注意,才小心翼翼关上房门。那个女人她认识,是他的下属,住在她家对面那幢楼房。

照理说,她应当毫不犹豫地冲进屋内,当面戳穿他们的隐情。但是,这样一来,势必掀起轩然大波,不但会激怒那个女人,还会使他更加难堪,甚至把他推到离那个女人更近的位置。她不想这样。她深信,他只是一时糊涂,他仍然深爱着自己。装聋作哑更不行,自己承受痛苦不说,还会使他越陷越深。不如给那个女人一个台阶,让她自己掐断这份私情。

她果断地掏出手机,拨通家里的电话。"老公,我把文件忘在书桌上了,你把它找出来,我请小朱来拿。"小朱就是那个女人。不等他回答,她挂机又拨通了小朱的手机:"请你到我家里拿一份文件送给我,行吗?我在门口等你。"

不一会儿,女人出现了,满脸羞愧和尴尬。她接过文件,优雅地一笑,说

声:"谢谢。"然后让司机开车。此刻,她再也忍不住心头的酸痛,任由涕泪滂沱。她想,要是这样也不能挽回丈夫的心,那她真该放弃这段感情了。

事实证明她的做法是正确的,她完全可以为当初的理智而自豪。多年过去了,他再也没有越雷池半步,他和她之间仿佛一切不快都不曾发生,他们依然幸福地生活在一起。而那个女人在断绝与上司的往来后,不止一次对别人说:"她是我见过的最聪慧的女人。对她,我除了崇敬,还有感激。"

 用信任"取悦"你的丈夫

成熟的女性必定有豁达的气度,她将以这种豁达去理解、支持丈夫的事业。夫妻间的感情是以互相信任和理解为基础的,你不相信、不理解丈夫,他凭什么信任和理解你呢?你的丈夫在事业上取得了一定的成就,社会活动肯定会越来越多,交际也会日益广泛,其中必定会接触到年轻漂亮的女性和一些敬佩、崇拜他的女性。对此,作为妻子的你要有豁达的气度给予充分的理解,要相信自己的丈夫。既要对丈夫保有警惕,但又不能拎着醋瓶子到处走,不要随便怀疑和无端指责,更不能偷偷摸摸地去打听、去调查、去寻找所谓的证据。

每个人都有属于自己的感情世界,这是谁都无法抹去的事实。过去的情感只是人生中的过眼云烟,你不能追溯到过去阻止他,因此,无论你面对的是自己的过去还是对方的过去,都应该以一种理性和信任的方式去解决它,而不是把它变成自己生活的负担。不愉快的往事会给自己带来伤害,也会给对方带来不必要的痛苦,最终将会导致两个人的感情出现裂痕。因此,不要活在彼此过去的影子中,走出痛苦的阴霾,面对现在的美好生活。

小李丈夫的公司来了一位新同事,无巧不成书,这位新同事就是小李丈夫

以前的女朋友。她的丈夫没有将这件事情隐瞒,而是坦白地告诉了她。要是别的女人也许在面对丈夫坦白的情况下还是会整日惶恐不安,毕竟他们两个曾经是相爱的一对。而小李却是个聪明的女人,并没有介意他们之间的往事,反而和丈夫的旧情人成为了朋友。小李有时间就去找她吃饭逛街,两个人无话不谈。彼此的关系变得非常地明朗化。她的丈夫和旧情人死灰复燃的机会当然就变得没有可能了。

我们不得不承认,小李是个聪明的女人。和丈夫的旧时情人成为朋友,总比猜测他们的旧恋情要好得多。两个曾经相爱的人无论因为什么样的原因分开,其间总会有一种难以表述的特殊感情。人的记忆总是习惯记录下美好的瞬间,所以,即使是痛苦的恋情也会变成一段值得品味的回忆。就像电影中经常描述的那样,一个人在30年后见到了初恋情人,仍会有不少故事发生。旧时情人是一种极具杀伤力的武器,随时会导致严重后果。想保护好自己的爱情,没有比和对方的旧时情人成为朋友更好的办法了,毕竟最危险的地方也就是最安全的地方。把她和他的联系,变成两个家庭的联系,把所有隐秘的关系变得透明,不失为明智之举。两个家庭在一起的时候,每个人都希望自己的家庭看起来比对方的家庭幸福,就像两个分子,当其内部的原子紧密结合的时候,便不容易发生反应,这正是期望的结果。

成熟的女性会用细腻的感情去体贴丈夫,并对他的异性友人予以一种无形的"关照"。她知道这不仅是一种责任,也是奠定夫妻之爱的基础。而这种关照,本身往往就是对丈夫情感的巨大压力。

有个叫玲玲的女人的故事,或许能给我们更多的启示,她说:

"丈夫有女友已好些年了,我知道这事也好些年了。那时丈夫与其女友是电大同窗,在一个城市,而我在另一个城市。后来丈夫来到了我的城市,他的女友则去了另一个城市。城市不城市的倒没什么,辗转来辗转去,丈夫还是丈夫,女友还是女友。"

"有一次,我与丈夫散步到了他上班的办公楼前,我突然对他的办公桌抽屉有了兴趣——焉知那里藏了一个男人的什么秘密?我想到说到:'你的女朋友最近来信了吗?'丈夫一警惕:'前一阵子来了一封,忘了带回家。''能看看吗?''怎么不能?'丈夫做出迫不及待的表情。我笑了:'她向我问好了吗?'

'问了。''既如此,不看也罢。'我把手一挥,很洒脱、很大方地转身而去。奇怪的是,后来我把这事作为笑话讲给周围的女士们听时,竟没有一个人相信它的真实。"

"丈夫与他的女友不仅通信,还相互留有电话号码,那么自然的,他们肯定还要通电话。除此之外,逢年过节,两个人之间,还时有精美的或不那么精美的贺卡传递。关于这一切,丈夫似乎并无瞒我之意,所以,我也从不把它放在心上。说真的,我要操心的事多着哩,哪有时间精力瞎捉摸他们的事。"

"自从丈夫与我做了同一个城市的市民后,偶尔地,我就从丈夫的口里听到了他的女友的一些消息:去了一趟香港啦,在深圳拍了照片寄来啦,女儿唱歌比赛获奖啦……当然这些都不重要,重要的是,这位女友是个离异了的单身女人。这个背景提示给我这样两个信息:第一,丈夫与她交往,没有什么麻烦,至少不会有男人打上门来与他决斗——那样影响不好;第二,丈夫若对她有意,至少在她那方面是没有客观障碍的。知道了这一点,我虽稍有不悦,但转而一想,难道我和丈夫之间的关系,还要取决于别的女人的婚姻状况吗?那岂不是太可笑了?由它去吧。"

"后来,大概是觉得光通过通讯方式交流感情还有不足吧,丈夫和他的女友,还借出差的机会,在这个城市或那个城市见面。丈夫去见他的女友我自然不在场。奇怪的是,他的女友到我们城市来过两次,我也总是在他们见过面、吃过饭、谈过话以后才得知。我问丈夫怎么不请女友来家里玩,丈夫说她忙着走,汽车都等在招待所大门外了。我说真遗憾,那就下次吧。丈夫说那就下次吧——其实我压根儿也不遗憾。"

"关于丈夫和他的女友的故事看来还要继续下去。有很长一段时间没听丈夫说起过他的女友了。不过一般来说,我不过问他也不会主动提起他的女友。当然这话也不全对,比如好几次他和女友见面的事都是他自己回来说的,不然我哪会知道呢?"

"不过也不是每次都这样。有一次丈夫到北京出差,本可以晚一两天走的,他却执意要提前动身。我问要不要我送他,他说免了免了。当时我就猜他已与女友联系好了,所以不能更改。丈夫走以后,我到婆婆家度周末,一大家正坐着吃饭,说起他来,我说他去会女朋友去了,大家笑得喷饭,以为我很幽默。我说是真的,他的女朋友叫张××,在哪里工作,离婚好几年啦。丈夫的兄弟媳妇说,那你可要当心哇。我说真要有什么,就随他去好啦。后来丈夫从北京回来,晚上躺在床上,我问他,是不是与女友会过面。他问我怎么知道的,我说这没什么猜不到的。这样,我才知道,女友果真到车站接了他,两人还在什么咖啡厅里度过了好几个小时——至于谈了些什么,我没问,也不想问。"

"据我的观察,这么多年来,丈夫与他的女友,也就是个女友而已。即或两人之间真有点儿什么微妙的东西,也是可以理解、可以容忍的。因为,人人都会有只属于自已的东西。丈夫虽然做了我的丈夫,他依然有权利为自己的心灵保留点什么,你不情愿、不承认也无济于事。有的男人或女人就是在这点上想不通,给自己的生活增添了许多烦恼——我可不愿那么傻。"

玲玲是个成熟的女性,她善于去理解、信任丈夫。也正因为这点,他们夫妻间的感情反而更加牢固。丈夫的女友仅仅是女友而已,她永远不能取代玲玲作为妻子在他心目中的位置。设想一下,如果玲玲阻止丈夫和女友之间的交往,甚至对丈夫疑神疑鬼,监视丈夫的行踪,就完全有可能造成把丈夫推向他的女友的结果。

夫妻间最有价值的理解和信任,是他们增进感情的最有效的渠道,因为这是知己者的欣赏。成熟的女性知道如何用独特的魅力去取悦丈夫。

把丈夫"吹"起来

世人对每一个男人的印象,往往来自于他的妻子对他的态度。谦虚的男人是不喜欢自夸的,但是,如果他的妻子在众人面前为他吹嘘一番,只要她能够保持一种良好的风度,不但无伤大雅,还会引起人们的浓厚兴趣,从而起到

意想不到的正面效果。

赞美是一种聪明的、隐藏的、巧妙的"献媚"。生活需要真正的赞美来调和；成功需要赞美来填充颜色，成功正是由于赞美才得以更加耀眼招人。而失落时也需要赞美，一次的失败并不是毫无是处，再丑陋的东西也终会有美丽的一面。只有认真地发现值得赞美的点点滴滴，人们才能够看到充满阳光的明天，世界也正是由于这些赞美才变得如此扣人心弦、摄人心魄。

在男女相处中就有了这样一个原则：作为女性，不要对男人要求得过于苛刻、过分挑剔，更不要拿别的男人和他来比较；应当温柔地鼓励他、赞赏他，为他打气加油，努力寻找他身上的闪光点。当他把一件很平常的事情做得非常圆满，当他向他的梦想迈出了小小的一步时，女人就应该马上开始赞美他。这个时候女人的赞美不仅仅是一种肯定，而是在向他注射自信，同样也增加了自己作为女性的魅力。同时，女人的赞美会改变男人的人生观和整个的处世方法，让男人感到他有义务和激情去更加努力地工作，为了家庭、为了妻子、为了以后的美丽人生而努力获得更大的成功。

著名心理咨询专家凯苏拉曾救助过一个近似废物的哑巴，他的名字叫艾理。凯苏拉每天注意观察艾理的举止，并及时对他所表现出的任何良好的言谈举止给予鼓励和赞扬，对他最微小的健康表现以及他脸上和嘴上的任何一点微小的动作都给予肯定。一点一点、一天一天，奇迹终于出现了。31天之后，艾理能说话了，能大声读报刊书籍了，而且对90%的问题能正确回答。这就是赞美的力量。

女人除了给男人以自信的鼓励和赞美外，还应该对男人主动去为家庭做的小事而提出表扬或者口头感谢。譬如，一对夫妇去郊外度过了一个愉快的晚上，妻子说："真谢谢你给了我一个难忘的时光。"丈夫送给妻子鲜花时，妻子就可以说："谢谢你一直记得我的嗜好。"晚餐后，丈夫主动收拾碗碟，妻子可以说"你辛苦了一天，这么做真叫我过意不去"等等。这些都是日常生活中的小事，在丈夫做了以后，妻子表示一下自己的谢意和赞美，他会更加乐意去做，也会从中更加体会到妻子的辛劳和温情。成功的女人拥有赞美，也懂得赞美；快乐的女人赞美一切值得赞美的事物，也得到了男人的赞美；懂得赞美的女人，会赞美一切值得赞美的事物。

聪明的妻子务必记住这一招：称赞自己的丈夫，夸耀丈夫的特长，表扬丈夫的优点，把丈夫"吹"起来！

一位先生因为单位装修需要购进空调，便给一位经销商打电话询问空调的功能，恰遇这位经销商有事不在家，是他妻子接的电话，她在听筒中说："当然，对于空调，我丈夫是个真正的行家，如果您愿意让我安排，我可以让他去您的单位看一看，他可以向您推荐最适合您的空调。"

毫无疑问，当那位经销商前往该单位勘察的时候，一定会很成功地谈成一笔业务。

每个人都有自己的缺点，但是，男人的错误只会阻碍了前程，而女人的错误，则会影响家庭和社会上的成功，甚至连同男人的事业也一起毁掉。哪个男人被认为有所成就、是个能做一番事业的人，大都是他的妻子告诉人们的。可是，在当今并非每一个妻子都能够心怀爱意地在与别人交谈时赞美自己的丈夫，反而常常不厌其烦地把自己对丈夫的不满如数家珍般地抖搂出来。

某女士就是这方面的"能手"。她的丈夫本是个文人，于是，某女士便成天在别人面前念叨丈夫：弄了一屋子的书，能当吃还是能当喝？根本不会修电视，却偏抱本书冒充内行，结果把电视越修越糟。好不容易下厨房做顿饭，却又把鸡蛋炒糊了，令人难以下咽。某女士把丈夫的缺点和不足暴露无遗，结果，她的丈夫在众人眼里也留下了"傻秀才"的形象。

人都有一种倾向，就是依照外界所强加给他的性格去生活。我们在生活中也常常会看到这样的事：对一个小孩子说他很笨拙，他就会变得比以前更加迟钝；如果赞美他有礼貌，他就会对你"叔叔"、"阿姨"叫得更甜。成人也是一样，假如像他已经成功那样对待他，那么在无意间，他就会表现出超常的能力。因此，每个妻子对自己丈夫的称赞，都是对丈夫的一种激励，这比直接"教训"的言语，更能推动他满怀激情地尽力去把事情做好。反之，如果像某女士那样一味暴露、责备、埋怨，只会使男人的意志更加消沉、更加自卑、更加无地自容、更加不思进取，并最终一事无成。

聪明的妻子能够时时注意到丈夫的长处，还能将丈夫的缺点减低到最低的限度。女人赞美男人时要遵循一定的原则。记住，无论一个男人长的美丑、事业是否成功，他都希望自己在女人的眼里是最棒的，这是让女人通过赞美赢

第八章 无条件的爱：打造美满家庭的心经

得男人的心的关键。但女人在赞美男人的时候,要遵循以下四大原则。

（1）要有真实的情感体验。这种情感体验包括女人对对方的情感感受和自己的真实情感体验,要有发自内心的真情实感,这样女人的赞美才不会给男人虚假和牵强的感觉。带有情感体验的赞美既能体现人际交往中的互动关系,又能表达出自己内心的美好感受,同时也能让男人感受到女人对他真诚的关怀。

（2）符合当时的场景。例如对男人的赞美,有时只需要一句就够,但要和当时对方的想法合拍。

（3）用词要得当。女人要注意,观察男人的状态是很重要的一个过程,如果男人正处于情绪特别低落,或者有其他不顺心的事情时,女人过分的赞美往往让对方觉得不真实,所以一定要注重对方的感受。

（4）"凭您自己的感觉"是一个好方法,每个女人都有灵敏的感觉,也能同时感受到对方的感觉。女人要相信自己的感觉,恰当地把它运用在赞美中。如果一个女人既了解自己的内心世界,又经常去赞美男人,相信彼此之间的关系会越来越好。

 ## 多给男人一些私人空间

手上的沙子握得越紧,它流失得越快。夫妻之间也是一样,要让彼此有一个自由的空间,那会使你的婚姻生活更加完美。

男女恋爱时,有人说好的跟一个人似的,一天几十个电话不说,饭一起吃、路一起走、书一起看,形影相随,爱得死去活来、轰轰烈烈,让人感动至深。可是,结婚后,男人就像换了一个人似的,结婚前答应每周看一次电影,现在一个

月能看一次就不错了;答应下班和自己一块去逛商店的他,却和朋友喝酒到深夜,不催根本就不想回家;你精心准备了一天的晚饭,他回家吃上几口,心不在焉说几句"这个咸了、那个淡了,这个萝卜没洗干净、那个菜油太多了",吃完饭把碗一扔就去抽烟看球了;你总想跟他聊聊,谈谈他的工作、你的衣服,还有周末陪你回娘家的事,你刚说上两句,他就直跟你嚷嚷,把自己搞得筋疲力尽。婚姻生活由浓浓的咖啡变成了毫无生气的白开水,你心里也在嘀咕:"他是否不再爱我了?他是否有别的女人了?"于是你盯得更紧了,嘘寒问暖事事操心,不过他好像更反感了。难道真应了那句:婚姻是爱情的坟墓?

事实上,男人忙完一天工作,交际应酬迎来送往,大多已经筋疲力尽了。回家好不容易想落个清静,彻底放松一下。这时,如果你再黏住他,心情不好是想当然的了。同时,这爱情犹如橡皮筋,不能总是绷紧了不放松。爱情亦如人大脑的神经系统,时间长了一定是要歇一歇的。年轻男人步人婚姻后,既想保持恋爱时的浪漫和甜蜜,又想衣食无忧、无牵无挂。可是柴米油盐酱醋茶,样样要操心,而他操心完家里的事情,更要操心工作上的事,两人都觉得很疲惫。这时,如果你再不分时机地黏住他,后果可想而知了。况且,爱情不可能总是处于"巅峰"状态,夫妻的爱情是一种平平淡淡的感情,当然,这种感情并不排斥高潮的出现。这时,女人最好能与男人保持一段距离,适当分别一阵子会更好。

这时,与男人保持一段距离的好处在于:夫妻的短暂分离使爱情暂时处于一种相对平静的环境中,如人疲惫后歇歇脚一样,醒来以后,精力更充沛。爱情打个盹儿后,在双方各自的心中会形成对爱人的一股悠悠思念,好像男女回到了恋爱那时候。因而,爱情的形成亦需要更新,若总是如新婚前后那样形影相随,如胶似漆地黏在一块,早晚两人就会产生倦怠心理的。让爱情歇歇脚吧。尽管爱情是我们生活中的重要内容,但绝非唯一的内容。更多的时候,夫妻双方还承担更多的责任,要腾出精力来实施自己的义务。如照顾双方家里的二老、抚养后代,都要有个计划;同时,还要承担对社会的一份责任,为社会作出自己应有的贡献。因为,爱情是维系于现实生活中的,解决了婚姻家庭中的许多实打实的生活问题,爱情才有所附着。总之,爱情是不能脱离生活的。

实际上,许多人都有过这样共同的体验:距离产生美。人若长期接触同一

第八章 无条件的爱:打造美满家庭的心经 ZHUAN GUO WAN JIU SHI XING FU

事物、同一工作,就会产生疲劳感。即使是一首很美妙的音乐、一幅很美的图画,如果你每天听、反复看,原先的美感也会逐渐消失。同样,如果婚姻生活每天重复着同样毫无变化的日子,两人天天黏在一块,彼此就会产生厌倦。所以,不要时刻黏在一块,适当地保持一段距离,对两人感情的升华是很有补益的。

很多婚姻出现问题,甚至最终导致离婚,并不是因为第三者等外部因素,而是夫妻双方自身的问题。不少这样的女子,她们对丈夫一向奉行"高压和管理政策",她们不甘心平淡,希望丈夫成为人上人,于是想方设法、旁敲侧击地施压,给予男人很大压力。

张娣太爱自己的丈夫了,望夫成龙,同时还想牢牢地抓住丈夫。她为了支持丈夫的事业,放弃了自己的工作,使自己失去事业依托。而丈夫事业有成后,她更是将人生所有的重心和希望都寄托于婚姻。然而,因为过分地干涉对方的空间,她越想抓牢婚姻就越是抓不牢,可以说正是这种心态导致了情感的失败。

一般情况下,在丈夫真正成了气候之后,女人往往自己还在原地踏步,于是有了危机感,拼命想"抓紧"婚姻。比如干涉丈夫的生活,除了管生活小事外,还要管他的钱包、查看他的短信,就连对方的工作都恨不得插一手,管来管去两个人感情越来越糟。可是她们往往意识不到自己有什么问题,反而觉得理所应当。她们认为自己为这个家、为对方付出了一切,当然应该享受婚姻,享受到丈夫更多的爱。更可怕的是因为对自己缺乏信心,害怕失去对方,便无休止地怀疑和猜忌,结果导致夫妻感情的加速破裂。

她们没有想到,她们的爱已经成为了一种沉重的枷锁,套在了男人的身上,对方已经感觉不到一丝爱的甜蜜。其实,女人看重婚姻本没有什么错,只是当你越想牢牢地掌控婚姻、拴住男人的时候,婚姻就越容易出现危机,男人反而会离你越来越远。

其实婚姻中的男女,应该是独立的个体,拥有自由的私人空间,拥有自己的朋友、自己的爱好、自己的事业。不应该因过分依附于对方,而失去自我。在感性的爱情里也不要忘记留存一点理性的生活空间。不要试图去主宰什么,因为这世上没有任何一个人愿意成为他人的傀儡。有一个小故事很好地说明了这个道理：

一个女孩问她的母亲："在婚姻里，我应该怎样把握爱情呢？"母亲没说什么，只是找来一把沙，递到女儿面前，女儿看见那捧沙在母亲的手里，没有一点流失。接着母亲开始用力将双手握紧，沙子纷纷从她指缝间泻落，握得越紧，落得越多，待母亲再把手张开，沙子已所剩无几。女孩看到这里，终于领悟地点点头。

婚姻的道理与此相似，要想让婚姻长久、美满、幸福，那就不要每天"盯着"、"看着"、"防着"、"握着"，恰恰是别把婚姻"抓"得太紧！夫妻间有所保留，这不能视之为对爱情的不忠，这是一种夫妻相处的艺术。夫妻就像两只相互依靠、彼此取暖的刺猬，远了，温暖不到对方；近了，会被对方身上的刺扎到。一次次冲突之后，慢慢调整距离。

某一天的早晨，孟先生在临出门之前，突然说，今天和朋友出游。以往，去哪里，孟太太不多过问，他也会随口告诉她。可这一次，孟先生也不提前打声招呼就突然宣布出门。她有些生气。出游这件事，一定是事先约的，至少前一天就约好了，他为什么不说一声？他还有多少事瞒她？孟太太心里不悦，拦着让孟先生说清楚。孟先生心里着急，嚷嚷了道："我的吃喝拉撒睡，是不是都得给你汇报？"然后摔门而去。

孟太太开始赌气，在接下来的好几天里，不管是晚回家、和朋友吃饭、还是去娘家，一概不告诉孟先生，也闭口不问他的一切事情。孟先生终于忍不住了，跟太太说："我现在才知道，你丝毫不在意我。是吗？"

"你不是说吃喝拉撒睡都不用向我汇报吗？"孟太太狡黠一笑。孟先生一愣，也笑了起来。此后，孟先生有事外出都会先说一声，让孟太太放心。

我们和朋友一起吃饭，大家点菜总是以合适为原则，宁可少一点、欠着一点，但是感觉舒服。同样，对待感情，夫妻之间的要求也是半饱为好，彼此都有空间才不会那样局促无奈。不过，空间的距离很好测量，心理的距离却难以把握。爱情的安全线，恰恰是看不见、摸不着的心理距离。有些时候，真的就是这样，夫妻双方因为爱而彼此走近，近得恨不能不分你我。于是走进婚姻，长相厮守。此后，彼此的距离慢慢地在不知不觉中一点点拉开。

亲密有间，给彼此一些空间，不要以为走进了婚姻就是走进了坟墓，夫妻

第八章 无条件的爱：打造美满家庭的心经
ZHUAN GUO WAN JIU SHI XING FU

双方都有自己的生活圈子、自己的爱好,偶尔出去放放风也未尝不可。这样不至于两个人天天拴在一起,熟悉得产生陌生感,最后无话可说。距离产生美,婚姻生活也需要距离来为它保鲜。

用你的心拴住男人的心

有人说拴丈夫的心就像放风筝,即使在天空中飘着,但线永远在你的手中。

在现代生活中,许多女性总是抱怨丈夫的心离她越来越远,拴都拴不住了。其实,妻子要把丈夫的心"拴"在家里是要讲究一定方式方法的,不要一味地拴,怎样合理地"拴"住男人的心,也可以说是一门艺术。

女人要拴住男人的心,就要了解男人的处境,知道男人的难处,知道男人到底想要什么。当然,要想理解男人是很困难的。现在的女人,思想上、行为上都很喜欢以自我为中心,男人也一样。当两个人因为一些小事而吵架时,谁都不会让谁,从这点就可以看出来了。所以,女人要想理解男人真的很难,拴住男人心就更不容易。但是,也并不是女人理解男人越多越好,因为理解少了是一种不关心,理解多了就成了一种放纵,很难!女人尽量不要瞎猜男人的心思,尽量给他们一种轻松感,这样才可能拴住男人的心。当然,女人拴住男人的心还是有一些技巧的。

1. 营造一种求知氛围

现代社会不仅竞争日益激烈,而且知识更新日新月异,如果不注意用新的知识充实武装自己,就会逐渐被社会淘汰。妻子应该设法让丈夫认清这一点,诱导丈夫跟自己一起利用业余时间进行新知识的学习。

有一个女士,其丈夫是个公司职员,白天虽然工作繁忙,但晚饭后却常常觉得无聊。于是,这个女士便鼓励丈夫学电脑,以适应新时代办公自动化的需要。经丈夫首肯后,他们买了一台多媒体电脑,晚饭后,夫妻双双坐在电脑前,不仅业余生活充实,而且互帮互学,掌握了一技之长。同时,也加深了夫妻间的感情。

2. 营造一种娱乐氛围

丰富多彩的家庭文化娱乐活动,不仅能使丈夫调节情绪、消除疲劳,而且会因为家庭生活充满活跃的气氛,使丈夫备感来自于家庭的温馨、幸福。有一位在文化馆工作的妻子,琴棋书画样样通,她在业余时间,跟丈夫玩扑克、下棋、弹琴、吟诗、作画,使家庭成了生机盎然的俱乐部。常年的家庭业余文化娱乐活动,不但使夫妻间的感情日益加深,而且丈夫还成了作诗好手,不断有诗作见于报刊。时下,男人往往因紧张激烈的社会活动和复杂的人际关系而导致心理压力加大、情绪紧张,很需要和谐、温馨的家庭气氛来抚慰。如果做妻子的在茶余饭后主动寻找话题,或安抚,或开导,或海阔天空地谈古论今,丈夫的精神就会得到放松,他的话匣子就会被打开,并觉得妻子是那么善解人意、亲切温柔。这时,丈夫有了精神寄托,就会因爱妻子而爱家庭。

当然,妻子把丈夫的心拴在家里的方法还有很多,但是,不管选择哪些方法,都要注意:一是丰富多彩,二是切忌单调。

3. 用爱去"拴"

有的妻子认为拴住男人的关键是"钱",她们认为:"男人们有时背着老婆在外面玩得有滋有味、如鱼得水,是因为他们手上有钱。有了钱,男人们就能上豪华舞厅、下高档饭馆,甚至找几个三陪小姐尽情享乐。对付男人,只有牢牢地把家中的财政大权控制在手里,才能真正地管住丈夫。"果真如此吗?恐怕不尽然。这样的妻子似乎把问题想得太天真、太简单了。殊不知,既然男人能在外边挣回一些钱给妻子,同样可能留下数量可观的"私房钱"。

有一位在感情上醋意颇浓的妻子,对丈夫与异性的接触表现出极大的不满。起初,只要看见其他女性稍与丈夫亲热一点,她就会毫不留情地将对方骂个狗血喷头。接着就与丈夫约法三章:无故不准与异性交谈,每月工资如数上缴,去卡拉OK歌舞厅不准请小姐做伴。

转过弯就是幸福

幸福女人要懂得的 心理学

法归法,章归章,丈夫并不轻易买她的账。

丈夫厉害,妻子更蛮。她索性在家要死要活,甚至去丈夫单位大吵大闹。不难想象,随着妻子管制丈夫方式的逐步升级,他们的家庭生活无一日安宁,最后只得离婚。

相反的,下面这个例子中的这位爱妻则用一颗滚烫的爱心拴住了丈夫,用她的包容与呵护挽救了一个即将解体的家。

她与丈夫是大学同班同学,他们因爱好诗歌创作而走到一起。夫妻俩如胶似漆,加上儿子盼盼,家庭可谓幸福美满。可是在婚后的第五年,丈夫因工作关系结识了一位漂亮而精明的女性,双方很快便无法自制,频频约会。在一切都已发生之后,他加倍补偿着自己作为丈夫和父亲的责任。

他给儿子买很多玩具,尽量抽时间陪妻子聊天,但又常常魂不守舍,禁不住想另一个"她"。为此他经常做噩梦。有一天夜里,他梦见她了,他掉进一个深渊之中,呼喊着她的名字,猛地惊醒之后,发现自己已大汗淋漓,妻子正瞪大眼睛看着他。

"我说什么了吗?"他慌乱地问妻子。

"没有。"妻子说。

"我真的什么也没说吗?"

"没有。"妻子说,"快睡吧!"

不久后的一天,他与那个她去看一个画展,出来后她挎着他的胳膊,很亲昵地向前走着。但就在这时,后面一个稚气的声音传来:"爸爸!"

他转身看见了4岁的儿子盼盼。但她依然挽着他,她是那种敢作敢为的人。他挣开她去看儿子。

"爸爸,妈妈还一个人在家呢,今天她没上班。"儿子说着扑进他怀里。

他撇开她,带着儿子回家了。他不知道儿子怎么会跑到这条离家较远的街道上来。

他仍然同那个她来往着,而裂痕却在彼此间产生了。她又与某商界男士火热起来。他仿佛一下子跌入了一个很深的梦中,借酒消愁,有一天竟喝得酩酊大醉,不省人事。醒来后,发现自己正躺在床上,妻子坐在床边,轻轻拭着眼泪。见他醒了,妻子强作欢颜地说:"你终于醒过来了,你已躺了一天一夜了。"

他不知说什么好,只是呆呆地望着妻子。

妻子说:"其实你的事,我早知道。"

"什么事?"他问。

"你和她的事呗!"妻子很平静地说,"那次你在梦中呼喊她的名字,我听见了。这几个月你对我和儿子比过去好,但老爱一个人发呆,经常走神,也没了以前的幽默,我就知道有事了,没想到果然事就出来了。但我不想和你大吵大闹,我是你妻子,你的性情我知道,你最终会回来的。"

他呜咽起来,不住地说:"我对不起你!"

妻子说:"我知道你也爱她,她一定很不错,你不会喜欢一个平庸的女人。但外面的女人靠不住,她能跟你,就不能跟其他人吗?你无钱无权,穷诗人一个,凭什么吸引人家?现在,我相信你们已经结束了。我不想找你闹,或许男人有这么一次才有免疫力。不过我要对你说,这样的机会我只能给你一次。"

还能说什么呢?他热泪盈眶,一把抓过妻子的手说:"再也不会有下一次了,请你相信我。"说着,便双膝落地,跪了下去。

"快站起来吧,你这样子,哪像个男人。"妻子说着把泪流满面的他拉起来。他笑了,妻子也笑了,两人禁不住紧紧地拥抱在一起。

这个故事留给我们的启示却是深刻的。爱情若节外生枝,管也没用。不难发现,这里所说的不管丈夫,并不是真的"不管",而是管治要讲策略,用一颗宽容的爱心将自己的丈夫拴住。这样的女人才是真正聪明的女人。

当然,妻子能不能管住丈夫,仅仅是问题的一个方面。更重要的是提倡夫妇之间的相互理解和沟通,并不断培育彼此的信任和忠诚,从而在相互尊重、人格平等的基础上,真正将对方的心留住,实现婚姻的幸福美满。

第八章 无条件的爱:打造美满家庭的心经

ZHUAN GUO WAN JIU SHI XING FU

转过弯就是幸福

幸福女人要懂得的心理学

 当你的丈夫变得身无分文的时候

婚姻的幸福并不是建筑在显赫的身份和财产上,而是建筑在相互的崇敬上。对于婚姻来说,财富只能算是一个砝码,并不是爱情的因素。有"心计"的女人不要被金钱所诱惑,因为幸福和金钱并没有直接的关系。

莱斯利和一位容貌俊俏、才华横溢、在上流社会长大成人的千金小姐缔结了良缘。事实上她并不富有,而莱斯利却腰缠万贯。莱斯利满怀喜悦地期待着能让妻子尽情分享人间一切高雅的欢乐。他说:"她将如同神话一般地生活。"

但是,似锦的前程却突然面临厄运。在婚后几个月时,莱斯利将财产用于大宗的投机生意,在遇到一连串突如其来的灾难后,他发现自己如遭洗劫,变得身无分文了。在一段时间里,他对自己这种境遇一直守口如瓶。他形容枯槁,愁肠寸断,每日都处于一种持续的煎熬之中;更使他难以忍受的是必须在妻子面前强作笑颜,因为他不忍心让这消息使她不安、焦虑。然而,她以深情的敏锐目光觉察到了丈夫的异样。她留意到他神态的变化以及他那无法抑制住的叹息。她没有被丈夫勉强装出的不自然的快乐表情所蒙骗。她竭力想以自己的勃勃生气和脉脉含情给他带回失去的欢乐。但这一切只能更加刺痛他的心。他越是觉得爱她,就愈加被一种即将给她带来不幸的念头所折磨。

一天,他找来了挚友欧文。他以深深的绝望语调对欧文诉说了他的全部遭遇。听后,欧文问道:"你妻子知道这一切吗?"

一句近乎情理的话竟使他声泪俱下。他呼号着说:"请别提起她吧。一想到她,我都快给逼疯了!"

"可为什么你不告诉她呢?"欧文说道,"迟早她会知道的。你总不能永远瞒着她。"

"哦,可是,我的朋友,请想想吧,对她讲她的丈夫成了一个身无分文的穷光蛋,这对她该是多么巨大的打击!难道告诉她摒弃生活中一切高雅豪华的东西,拒绝社会上的一切欢欣快乐,而去和我一起龟缩在困顿和沉默的角落里!"

"可是你怎么能对她保密呢?她必须了解情况。你们也要对急转直下的境况采取适当的措施!"

欧文的态度和借喻的语言所内含的某些恳切的情愫激发起了莱斯利激越情感的想象力,于是,欧文便趁热打铁,在谈话结束前劝说好友回家向妻子倾吐心声。

第二天清晨,莱斯利居然对她和盘托出了。

"怎么样,她发牢骚了?"

莱斯利答道:"不,她惬意得很,情绪好极了!说实在的,她看上去比从我认识她以来的任何时候情绪都要高涨;她对于我,就是爱,就是温存和宽慰!"

"一个令人钦佩的姑娘!"欧文感叹道,"你自称穷光蛋,我的朋友,可你从未这般富有——你可知道在这女人身上拥有的是取之不尽的财富——美德呀。"

"哦,可是,我的朋友,今天可是她真正有所体验的第一天;她已被带进一个寒酸的住处,平生第一次尝到了家务劳动的艰辛——她第一次环顾一个没有任何摆设的家——几乎没有东西可为人提供生活便利的家;兴许这当儿她已疲惫不堪,无精打采地一屁股坐在某个角落,正为将来的困顿前景发怵哩。"

他们从大路拐入一条狭窄的小道。当他们走近农舍时,里面传来了音乐声,莱斯利抓住了欧文的胳膊。他们驻足倾听。那是玛丽的歌声!她吟唱着,歌声婉转动人,唱的是一首她丈夫格外喜爱的小调。

欧文感觉莱斯利放在自己臂上的手在颤抖。为了听得更真切,他移步向前。他的脚步在沙砾上发出了声响。这时一张妩媚俏丽的脸庞在窗口闪现了一下,旋即就消失了——传来轻盈的脚步声——接着玛丽迈着轻快的步伐前来迎接他们。

第八章 无条件的爱:打造美满家庭的心经

她喊道:"我亲爱的!你可回来了,我一直盼啊,盼啊,我在房后的一棵美丽的树下摆了一张桌子,还采摘了一些最鲜美的草莓,我知道你最喜欢吃草莓——再说我们的奶酪可鲜美了。这里的一切真是太美了,太宁静了——啊!"她说着,用手挽住他的手臂,喜气洋洋地盯着他的脸。

可怜的莱斯利被征服了。他对朋友说,他以前的境遇虽然好,也确曾有过美满的生活,然而,像这样幸福的时刻却是过去从来未有过的。

生活中,我们常有缘目睹女性身处逆境时所表现出来的坚韧不拔的气概。那些能摧毁男子汉的意志并使其一蹶不振的灾难,唤起的却是柔弱女性的异乎寻常的力量,使女性变得如此之无畏与崇高,成为自己丈夫的安慰者和支持者,她们以毫不退缩的刚强勇气,抵挡着逆境中最剧烈的冲击。这是走出困境的保障,也是维持幸福关系的巨大财富。

千金散去还复来,而幸福之杯一旦被打碎就永远不能再还原了。有"心计"的女人一定要理智地对待金钱,就算你的丈夫一夜之间从百万富翁变成了穷光蛋,你也不要拿金钱来衡量你们之间的感情,这时,你的理解和宽容才是你们幸福的保障。

第九章
用真诚打动别人：
女人要学会做别人的朋友

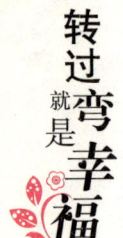

别忘了为自己建立一个"朋友圈"

成功的人大多是有朋友圈的人。这种圈子由各种不同的朋友组成,有过去的知己,有近交的新朋,有男的,有女的,有前辈,有同辈或晚辈,有地位高的,有地位低的,有不同行业的,有不同特长的,也有不同地方的……这样的朋友圈,才是一张比较全面的网络。也就是说,在你的朋友圈中,应该有各式各样的朋友,他们能够从不同的角度为你提供不同的帮助。

朋友圈既然称做是"圈",就应当具有圈的特点。也就是说,在这个圈中朋友的构成有点有面,分布均匀。不懂交际之道的人交友却不是这样,他们结交朋友的范围十分狭窄,分布十分不均。只在自己熟悉的范围内认识一些人,而这些人的行业和特长比较单一。这样就构不成一个标准的朋友圈了。

值得一提的是,在我国由于传统的知识分子受"清高"的影响,往往喜欢闭门谢客,喜欢孤军奋战,特别是对官场上的事情喜欢"两耳不闻窗外事",对政界的人物更是不愿去与之进行交际。这样的传统和习惯是十分不利的。从成功学的角度来分析,它对聪明人的成功更为不利。

广泛与人交往是机遇的源泉。与人交往越广泛,遇到机遇的概率就越高。有许多机遇就是在与朋友的交往中出现的,有时甚至是在漫不经心的时候,朋友的一句话、朋友的帮助、朋友的关心等等都可能化为难得的机遇。

在很多情况下,就是靠朋友的推荐、朋友提供的信息和其他多方面的帮助,人们才获得了难得的机遇。

某单位新来一位高层领导,需要配备秘书,在多人跃跃欲试的情况下,小许被选中了。原因就在于这位领导委托自己的一个下级单某为自己物色秘书,而单某和小许是同学和好朋友。单某自然清楚,小许肯定能胜任这一职位,于是就把这个同学推荐出来了。

结果,领导本人满意,组织考察合格,正在为前程茫然奔波的小许更是欣喜若狂,因为她找到了自己适合的位置,在当时情况下当上领导同志的秘书是她的心愿,也是她成功道路上的一座里程碑。这个里程碑的获得,关键因素是她有那么一个得到领导信任的同学。

也许她想不到这个朋友会对她的成功起到如此至关重要的作用,也许他们之间彼此进行交往的时候,并没想到这种交往决定了日后一个人的巨大成功,没想到这种交往会带给一个人成功的机遇。因此,从这个意义上说,交往愈广泛,机遇就愈多。

聪明人不应当过于急功近利,有许多机遇是在交往中实现的,而在初步交往中,人们很可能没有看到这种机遇,在这个时候,不要因为没有看到交往的价值,就冷漠这种交往。

实际上,你的"朋友圈"远比你意识到的要广得多。你实际拥有的圈子延伸到了你每天都有联系的人之外,更多的联系包括你与之共同工作和曾经一同工作过的人们、以前的同学和校友、朋友、你整个大家庭的成员、你遇到过的孩子的父母、你参加研讨会或其他会议时遇到的人等等,这些人都会是你的圈中成员。

有句美国谚语说得好:每个人距总统只有六个人的距离。你认识一些人,他们又认识一些人,而他们又认识另外的一些人……这种连锁反应一直延续到总统的椭圆形办公室。而且,如果你仅仅距总统六个人的距离,那么你距你想会见的任何人也就只有六个人的距离,不管他是一家公司的总经理还是你想让其加入你的团队支持你的名人。

将你所有的关系列出来,想想你认识并有业务联系的每个人,设计一个计划保持你的这些联系。从中你可以获得许多机遇,甚至可以发现你的"贵人"。不要小看了这些朋友,也许你的命运会因此而改写。永远记住一句话:最走运的人是那些拥有许多朋友和熟人的人。

第九章 用真诚打动别人:女人要学会做别人的朋友

ZHUAN GUO WAN JIU SHI XING FU

转过弯就是幸福
幸福女人要懂得的心理学

 有些话不能直言

有些话不能直言，便得拐弯抹角地去讲；有些人不易接近，就少不了逢山开道、遇水搭桥；搞不清对方葫芦里卖的什么药，就要投石问路、摸清底细；有时候为了使对方减轻敌意、放松警惕，我们便要绕弯子、兜圈子，甚至用"环顾左右而言他"的迂回战术，将其套牢。

委婉的语言，是人际交往中必不可少的，是维系人与人之间的和谐关系的重要手段。

一辆电车上人很多，而这时又上来一位抱小孩的妇女。于是女售票员对乘客说："哪位同志给这位抱小孩的女同志让个座？"但没想到她连喊两次，无人响应。女售票员站起来，用期待的目光看了看靠窗口处的几位青年乘客，提高嗓音："抱小孩的女同志，请您往这里走，靠窗口坐的几位小伙子都想给您让座，可您得先过去。"话音刚落，"呼啦"一声，几位小伙子都不约而同地站了起来。这位女同志坐下之后，只顾喘气定神，忘记向让座的小伙子道谢，小青年面有冷色。女售票员看在眼里，心里明白，她忙中偷闲，逗着小孩子说："小朋友，叔叔给你让个座，你还不谢谢叔叔。"一语提醒了那位妇女，连忙拉着孩子说："快，谢谢叔叔。"那位小青年听到小孩道谢，连声说："不客气。"

试想，如果女售票员在请人让座时说"那么大小伙子一点也不自觉"，在劝女同志道谢时说"别人给你让座，你也不知道说声谢谢"，后果会如何呢？生活中，要理解人们的合理需要，爱护人的自尊心，只有这样才能把话说到别人的心坎里去。如果不能根据交际对象的心理选择恰当的语言形式，语一出口先挫伤他人的自尊心，必然会引起对方的不快从而引发争吵。不要以为绕弯子、

兜圈子是浪费时间,很多时候,最短的路未必就是最佳的选择。

在一次新闻界的餐会上,美国总统艾森豪威尔应大家的要求站起来说话。他说:"大家都知道,我不是擅长言辞的人。小时候我曾经去拜访过一个农夫,我问这个农夫:'你的母牛是不是纯种的?'他说不知道。我又问:'这头牛每个星期可以挤出多少牛奶呢?'他也说不知道。最后,他被问烦了就说:'你问的我都不知道,反正这头牛很老实,只要有奶,它都会给你。'"

艾森豪威尔笑了笑,对所有在场的新闻界人士说:"我也像那头牛一样老实,反正有新闻,一定都会给大家。"

这几句话让大家哄堂大笑,因为他就是兜着圈子告诉大家,你们没事别紧追着我问,反正我有新闻一定会给你们的。这就是暗示的妙处。

暗示是人际交往的一种特殊方式,指的是暗示者出于一定的目的,采用一定的方法,含蓄、巧妙地向对方发出某种信息,以此来影响对方的心理,使其不自觉地接受一定的意见、信念,或改变其行动。

暗示的方法有如下几种。

1. 以故事暗示

一次,一领导为了加强机关干部管理,在工作考勤等方面作了一系列规定,并决定由曾在企业担任过多年负责人,不久前到机关做传达工作的一位老同志负责考勤登记。这位老同志认为这项工作易得罪人,不愿意干,说自己过去就是因为办事太认真,得罪了不少人,正在吸取"教训"。

听了他的话,领导委婉地讲了一个故事:某电影导演,为拍一部片子四处寻找合适的演员。一天,发现了一个合适人选,便通知他准备试镜头。这个人十分高兴,理了发,换上新衣,对镜子左照右照,总感到自己两颗"犬牙"式的牙齿不好看,于是到医院把牙齿拔掉了。当他兴致勃勃地去报到时,导演见到他,失望地说:"对不起。你身上最珍贵的东西,被你自己当缺陷给毁了,影片已经不需要你了。"

故事讲完后,这位老同志懂得了,"坚持原则,办事认真"正是自己最珍贵的品质。于是,他愉快地接受了任务。

2. 以笑话暗示

一次,几位老同志反映机关宿舍晚上不安静,楼上的小青年举止不注意,

老同志在楼下睡不好。这属于两代人的生活习惯问题,如果把这个问题在会上讲,就会使老同志和青年人之间产生鸿沟。

党委书记和小青年闲谈时,讲了一则笑话进行暗示:有个老头晚上很难入睡,恰好楼上住了一个经常上晚班的小伙子。小伙子每天下班回家,双脚一甩,鞋子"噔噔"两下,重重地落在地板上,每次都将好不容易才入睡的老头惊醒。老头提了意见。当晚小青年下班回来,又照例先甩下第一只鞋,尔后猛然想起老头的意见,就轻轻脱下第二只鞋。第二天一早,老头埋怨小伙说:"你一次将两只鞋甩下,我还可以重新入睡;你留下一只不甩,害得我等你甩第二只鞋等了一夜。"

笑话说完,伙子们悟出了笑话是有所指的。

3. 岔题暗示

请看一段对白。

甲:老何这个人什么都好,就是有点好大喜功。

乙:昨晚播了《红楼梦》第一集,你看了吗?

甲:没有。你知道吗?向市里上报的材料,尽说好话,把老何捧上了天。

乙:唉,你不看真可惜,看了就能知道跟电影相比到底哪个拍得好。

不难看出,乙一再岔题,是为了向甲作出暗示:他不愿意背后随便议论别人。如果甲尚知趣,说话至此,也该停止对老何的飞短流长了。

4. 诙谐暗示

这是以幽默的语言或随意说笑的方式,向被暗示者传递信息。

南唐时,税收繁重,民不聊生。时逢京师大旱,烈祖询问群臣:"外地都下了雨,为什么京城不下?"大臣申渐高决定利用这个机会进谏,便诙谐地答道:"因为雨怕抽税,所以不敢入京城。"烈祖天性比较豁达,听罢大笑,决定减轻税收。借助一句笑话来暗示,竟然为百姓做了一件好事。

生活中不少人是"直肠子"、"一根筋",为人处世"不撞南墙不回头",10头牛也拉不回来。这样的人最该学会绕弯子,神经多长些末梢,否则就得做好吃亏、碰钉子的心理准备。

用真诚打动别人

当你想要和一个人交往或回想起一个人的时候,你多半首先想到的是这个人诚实与否。女人细腻的感情和害怕受欺骗的心理,决定着她需要结交诚实的人。然而,一切事情都是以心换心的,只有你付出了真诚,对方才会真诚地待你。所以,作为女性的你,不妨在他人面前,把自己真诚的一面表现出来。一个真诚的女性是值得让人尊重和欣赏的。在与你的交往中,别人可能正是因为你的这一特性,才决定与你成为至交,或正因为此,你才能在事业上一路畅通。

真诚的人是让人信任的,一个真诚的女人更容易博得众人的好感。女人会因为真诚而美丽,善解人意、真诚的女人会有更多的人喜欢与之交往,值得更多的人依赖。

真诚是要付出行动的,而不是嘴上说说而已,好听的话每个人都会说。看一个人真诚与否最重要的是看她为人处世的态度。一个人的行动往往能表现出她的内心,所以一切的伪装总有被别人看穿的时候,与其那样,不如拿出一颗真心去换取别人的信任。

你越真诚,别人就会越喜欢和你交朋友;你与他人的关系越亲密,你们之间的感情就越深厚。真诚地付出关怀能聚敛很多人气,结交很多朋友。

朋友,是我们生命中看不见的财富。如果一个人没有朋友,那么他将会失去很多人生中的乐趣;如果一个人没有朋友,他将会失去很多个成功的机会。

但是,朋友并不会无缘无故地为你提供帮助,只有当你成为一个他们所欣赏和赞美的人时,他们才能热情地、无私地对你进行帮助,使你摆脱困境。

有的人声称其朋友无数,可是,一到大难临头,朋友无一伸出援手。那究竟是什么导致这种局面呢?

寻求根源,主要是这种人不受朋友真心欢迎,只是表面的关系,而不是从内心被他人所认同。因为他没有用真诚的态度去打动人,而是过于注重形式主义,给别人一种不信任的感觉。那些能够抓住朋友的心、赢得别人尊重的人,都是一些以人格的力量、诚挚的态度对待朋友的人。

"一个人只要对别人真诚,在两个月内就能比一个要别人对他真诚的人在两年之内所交的朋友要多。"这是卡耐基讲的一种交友的秘诀。是的,如果我们只对自己真诚,而对别人不真诚,是不会交到朋友的,这个道理很简单、明白。

奥地利著名心理学家阿尔·阿德勒说过:"对别人不真诚的人,他一生中困难最多,对别人伤害也最大。所有人类的失败,都出自这种人。"因为这种人没有朋友,他不能给人以关心和帮助,别人也不会关心和帮助他。

一个人若总是对人冷淡,只顾自己,只打自己的算盘,他一辈子都很难交到朋友,也没有人愿意请教他;但假使他能够设身处地为他人的利益着想,处处对人付出真诚与真心,那么,在什么环境之下他都能交到众多的朋友。

真诚地付出你的关怀并不是很难,最基本的有以下几点。

1. 说话不要"拐弯抹角"

在和朋友交流的过程中,即使你和对方的意见和看法不一样,也不要隐瞒和矫饰,更不要随声附和,或者"拐弯抹角"。因为这样不仅不利于和对方顺畅地沟通,还会给人不诚实和生分的感觉。

纵然是在指出朋友缺点和批评朋友过失的时候,也应该真诚而明白地指出来,这样不仅不会伤害对方的感情,反而有助于增进友谊和加深关系。

2. 赞美但不要奉承

当朋友事业有成或者有什么高兴事时,在适当的场合和时间给予真心诚意的祝福和赞美,并与之共同分享快乐。但是千万不要认为所有的好听话都会受到欢迎。其实,一个人真正想从朋友那里得到的是善意的忠告和警戒,而不是华而不实的恭维话。很多人就是从别人说的话中来判断是否和对方成为朋友的。

3. 安慰并给予实际的帮助

当别人遇到困难的时候,给予亲切的安慰和实际的帮助更能体现一个人的真诚。当对方心情不好或者遇到麻烦的时候,如果你说的既不是安抚和宽慰对方的话,也不是帮助对方解决问题的建议,而是些不着边际或者无关紧要的话,那别人肯定会觉得你是一个"事不关己,高高挂起"的冷漠者。你怎么对待别人,别人也会怎么对待你,从此以后,你就不要指望别人会真诚地对待你了。

4. 站在别人的角度上思考

不要只想着从别人那里得到关怀,应该多为别人考虑。在你说一句话、做一件事情的时候,尽量站在别人的角度上思考一下,顾及别人的感受,衡量别人的得失。只有这样,你才不会伤害到别人,别人也会因此对你心怀感激,把你当做好朋友。

如果你希望别人喜欢你,就必须真诚地付出你的关怀。

明知故昧也是一种睿智

在某些情况、场合下,为了保证计谋的绝密,或者为了把事情办成功,明明知道事情的底细却故意装作不知道,分明是看得清清楚楚的东西却装作看不见、看不懂,这种糊涂就是"明知故昧"。明明知道,明明看见了,却装作不知道没看见,这当然是客观情势使然。作为一种计谋,例如为了保全自己,为了使目的达到,你有时必须这样做。

人与人之间的矛盾如果以平等互利的方式来解决一般都是可以化解的。但是,如果矛盾涉及原则性问题,那么就必须站稳脚跟,寸步不让,即使是细节

也不能让。睿智的女人懂得,如果原则性问题也要让步就等于失去了做人的方向。

人们所说的原则性问题主要有两种,一是尊严,一是应得的利益。尊严是精神上的原则性问题,一个人格健全的正常人是不能允许别人轻易冒犯自己的尊严的,尊严受到损害有时比物质利益的损失更能让人感到痛苦和难以忍受。在这一点上,女人的尊严显得更为重要。一个人的素质越高,就越看重自己的人格与尊严,所谓"士可杀不可辱",正是这个意思。

我们说在尊严问题上必须寸步不让,但在很多情况下是自己的尊严已被人严重地侵犯了,却还不知如何申辩,结果只能白白地受气。其实,别人侮辱我们的人格,并不就意味着他的人格有多高尚。如果我们能够了解对方,稍稍使用一点"手腕",明知故昧,以其人之道还治其人之身,往往可以收到良好的效果,从而为自己讨回尊严。

在某大城市的一户人家,有一位乡下来的小保姆,由于为人实在,干活利索,给女主人的印象颇佳。但是,生性狐疑的女主人还是担心这位乡下姑娘手脚不干净,于是在试用期的最后几天想出个办法来试一试她。

一天早晨,小保姆起床要去做饭,在房门口捡到一元钱,她想肯定是女主人掉下的,就随手放在了客厅的茶几上。谁知第二天早晨,小保姆又在房门口捡到了一张五元的钞票,这让她感到很奇怪。"莫非是在试探我吗?"小保姆产生了这样的疑问。但她又很快打消了这个念头,因为女主人是位刚从领导位子上退休的体面人,怎么会做出这样侮辱人的事情呢?这样想着,她就把钱放进了茶几底下,但心里面还是留了个"心眼"。

到了晚上,小保姆假装睡下,从卧室的窗户窥视客厅中的动静。正当她困意袭来、准备放弃这一念头时,女主人竟真的悄悄到茶几前取钱来了。小保姆彻底惊呆了,怒火冲上了她的心头:怎么可以这样小看人!她咬了咬嘴唇,下定了一个决心。

第二天早晨,小保姆又在房门口发现了一张钞票,这次是十元钱。她笑了笑,把钱装进了自己的口袋。到了傍晚,她在女主人下楼去练气功之前把这十元钱悄悄地放在了楼梯上,准备也测试女主人一番。果不出小保姆所料,女主人之所以怀疑别人手脚不干净,正是因为她自己是一个自私而贪心的人,她在

下楼时看见了那十元钱,当时就眼睛一亮,然后趁着左右没人便把钱塞进了口袋里。这一幕,全都被暗中偷窥的小保姆看到。

当晚,女主人就像领导找下属谈话一样找到了小保姆,严肃而又婉转地批评她为人还不够诚实,如果能痛改前非,还是可以留用的。小保姆故作懵懂地问:"你是不是说我捡了十元钱?""是呀!难道你不觉得自己有错吗?"小保姆摇了摇头:"不,我不认为我做错了什么,因为我已经将那十元钱还给您了。"女主人一脸诧异:"咦,你啥时啥地还我钱了?"小保姆大声回答:"今天傍晚,公共楼梯……"女主人一听到"楼梯"两个字,顿时像触了电一样浑身一颤,狼狈得一句话也说不出来了。

聪明的小保姆利用了一些"手腕"为自己找回了面子,女主人自然也不该再侮辱她的人格和尊严。试想一下,如果她正面反击,不讲策略又会是什么效果呢?使用一点"手腕",就可以方圆有道,一劳永逸。可见,做人还是要有技巧的。

明知却故昧,看透不说透!这种明知故昧,无论是在军事、政治、外交,还是在日常生活中,常被人采用,而且只要"昧"得深、"昧"得巧,将计就计,总能收到良好的效果。明知故昧、将计就计的实质,就在于能够顺应敌意,因势利导,在敌人所设的圈套之外再加上一套,在敌人所挖的陷阱之外再挖上一阱,从而让敌人在实施计划中落入自己手中。《纂辑武编》中说,"苟(假如)敌人料我,当顺其所料,伏兵待之,以诈示之,俟彼出师,则发伏收之(指用伏兵收拾他)"。

将计就计没有一个固定的表现形式,只是适应着对方所施的计谋而灵活的变通。在实施的过程中,表面装作中了敌人的计策,实际上是为了隐蔽住自己的企图。将计就计,是一种"否定之否定"的应变决策,前提是看出了对方的企图。

第九章 用真诚打动别人:女人要学会做别人的朋友

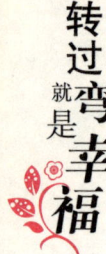

 巧取朋友的"心"

一个人活在世上,可以没有金钱、没有事业、没有家庭,但是万万不可以没有朋友!朋友是巨大的财富,女人拥有的朋友更是她们的宝藏。许多时候,朋友之间的关心、帮助、体贴胜过兄妹,胜过夫妻。而且,深厚的友情往往比爱情更隽永、更真挚、更持久。但现实生活中,有相当一部分人,尤其是女性朋友,一旦有了爱情,便囿于爱情与家庭,并全心全意地投入,与过去的朋友就明显地疏远了,对深深浅浅的友情也不那么爱惜了。她们的借口是:"哎呀,太忙了。"忙确实是真忙。她们情不自禁地沉湎于小家庭的欢乐,她们津津乐道地忙着一份幸福的小日子。至于朋友、至于那些友情,有点顾不得了,似乎有无都无关紧要了。

其实,交友不仅是一种感情的交往、交流,还是生活的重要扩充。每个人都有一定的局限性,生活的环境、生活的内容、生活的经历都被内外的因素规划了、圈定了。由此,自己的视野、见地、经验、心胸,便容易被这种"规划"与"圈地"所限制,只会狭小,只会浅薄,只会片面。比较而言,男人比女人博大些,他们有更广泛的兴趣,更注重对外部世界的关注,更多一点探索与冒险精神。而女性朋友如果有了爱情与家庭之后,连朋友的交往热情都减退得一干二净,那么,她们的生活圈子、胸怀只能一天天地更窄更小,而许多悲剧的产生就是因为"更窄、更小"所致。但是,在悲剧未发生之前,她们不以为然;悲剧发生时,她们也认识不到,这正是"更窄、更小"的潜移默化的意识在作怪。当然,交友也不排斥要对爱情专注、对家庭负责。可是,专注不等于放弃其他的一切感情,负责不意味着要疏忽其他的一切关系。她们自以为一味地专注了、负责了,就能看牢幸福、维护家庭、守住生活,生活却偏偏不是看得牢、守得住的。生活需要变化,需要丰富,需要更新。一成不变的"守"、固步自封的"看",只能使生活一天天地平淡、贫乏、平庸。结果,虽然存在着家庭的形式,而家庭的内容与生命必将趋于萎缩。

对中年女性来说,这时的友谊可能比爱情更为重要。因为此时女人已基本上完成了相夫教子的职责,突然无事可做,年轻的时候基本上是为自己的家庭而活的,现在这一切基本不重要了,女人只有把自己放到同性朋友的圈子中进行比较。不管自我感觉如何,都会有所醒悟。感觉不好的,知道该为自己活了;感觉好的,知道为了自己应该继续好好活。中年女人在同性朋友面前才会找回自我。所以,女人的真心朋友,其实就像是自己面前的一面镜子。

友谊和爱情对女人来说,无论在什么时候都会同等重要。所以,女人结了婚,千万不要排斥掉自己结婚前的一切,更不要丢掉自己结婚前的那些朋友。保持自己的情趣,保持自己的爱好,保持自己的社交活动,保持自己除爱情以外的一切感情联系,是丰富自己、更新自己、完善自己的很好的方法。只有这样不断地丰富、更新、变化与完善,家庭生活才更有色彩,爱情和幸福才能保持得长久。

纯真的友谊是女人一生中最美好的东西,它摒弃了人世间的卑鄙与狡诈等丑恶的现象,而代之于思想情感的默契和支持,形成了为共同事业奋斗的力量。所以,女人在一生中必须交到属于自己的真心朋友。

厚实的大城门上挂着一把沉重的巨锁,铁棒、钢锯都想打开这把锁,一显自己的神通。

"我这么粗大,坚强有力,纵使这把锁再坚固,我相信凭借我的力量我也能把它打开!"铁棒自以为很有办法,相信一定可以打开这把锁。可是它在那里努力了大半天,一会儿撬,一会儿捶,一会儿砸,费了很大的劲,最后还是无法打开门锁。

钢锯嘲笑它说:"你这样是不行的,要懂得巧干,看我的!"只见它拉开架势,一会儿左锯锯,一会儿右拉拉,可是那把大锁丝毫不为所动。

就在它们两个垂头丧气的时候,一把毫不起眼的钥匙不声不响地出现了。

"要不我来试试吧?"小小的钥匙对两位气喘吁吁的败将说。

第九章 用真诚打动别人:女人要学会做别人的朋友

ZHUAN GUO WAN JIU SHI XING FU

转过就是弯幸福
幸福女人要懂得的 心理学

"你?"铁棒和钢锯都不屑一顾地看了看这个扁平弯曲着的小东西,然后异口同声地说,"看你这副弱不禁风的样子,我们都不行你还能行吗?"

"我试试吧!"钥匙一边说一边钻进锁孔,只见门锁松动了一下,接着那把坚固的门锁就开了。

"你是怎么做到的?"铁棒和钢锯不解地问道。

"因为我最懂它的心。"钥匙轻柔地回答。

深入别人的心灵才能轻松打开封闭的大门。真正了解别人内心的需求和想法,并给予贴心适度的关怀,才能轻松获得别人积极的回应。

无论是在化解矛盾的过程中,还是在说服他人的时候,能够深入他人内心,往往能达到意想不到的效果。人和人之间为什么多是冷漠?因为大多数时候,别人说的话和做的事不能触及对方的内心,就像抓痒总是找不准地方一样,不但不能让对方产生舒服的感觉,反而还会惹人急躁和心烦。

为什么"交人要交心"?只有找到打开对方心门的钥匙,开启他的心扉,才能进入他的世界,把他引到你的天地。人最重要的不是行走在俗世中的躯壳,而是心灵的感受和思想,即使是一个大俗人也会看重他自己内心的感受,并努力按照心中的意愿去说话行事。

"交心"意味着尊重和理解对方最重要、最真实的感受。那些不能把话说到别人心窝里的人,永远只能游离在别人的心门之外。很多人只会谈论自己,把别人"逼迫"成为自己的听众,他们自己说着言不由衷的话,同时也忽视了别人的个性和感受。没有什么事比自己的内心得不到认知更令人恼怒的,那会让人觉得自己无关紧要而失去价值,甚至产生敌意。

必要时轻轻地拨动他人内心深处的一根弦,让他和你产生共鸣。一旦你探测到对方的独特之处,在他的情感上下工夫,触摸到对方最脆弱敏感的一环,观察到他的心理状态和情绪反应,你就能轻松地软化他。你的言语就会像暖和的春风一样化解他冰冷的淡漠,他的一切防御都将被彻底地轻轻柔柔地瓦解。一旦你挠到了对方心灵中的痒处,就削弱了他的控制力,进而增加了他对你的感激和信任。

如果他害怕孤独,你就给他慰藉;如果他有所畏惧,你就给他安全感;如果他希望安静一会,你就让他一个人待着……强迫别人的意愿或者漠视对方的情绪都对你不利。你必须把触角伸到他的心灵中,牵引着他自愿朝你的方向前行。

俗话说:"酒逢知己千杯少,话不投机半句多。"所谓"知己"者必"知心",所谓"投机"者必"投缘"。你对他从内到外随时随地地贴心关照会让对方觉得离不开你,他会更热衷于和你交往,会更感激你。一旦你争取到了他们的心,你就会拥有终生的朋友和忠诚不二的盟友。

朋友之间就像一条河,此岸是你,彼岸是我,真诚是连接两岸的桥,真诚是维持朋友之间纯洁深厚友谊的桥梁。但现实中,女人们的内心对人性其实是有着很深的怀疑的,这使得很多人无法始终如一地信任他人。但是,当女人在信任他人的时候,自己的内心是快乐的;产生怀疑时,本身也就充满了矛盾和痛苦。

相信他人其实是很快乐的事,女人都需要被完全地接受。在一个自己所信任的朋友那里,一定会得到安全感,觉得可以靠着他温暖地睡去,而不必担心任何危险;觉得自己心里的事都可以说出来,不会有任何负担。可见,信任是如此的重要,它决定着女人对一个人的态度,所以,人和人之间要有信任感,彼此吸引,以建立长久真挚的感情。

 **朋友也需要用度量去包容**

俗话说:"一样的米,养百样的人。"你周围和你发生联系的人在性格、爱好、学识、生活习惯、思维方式以及家庭环境等各个方面都不尽相同,要和不同的人保持正常的交往就不能用一个标准衡量人。但是,有些人总是习惯于把自己置于关键地方,端着高标准的大尺子横着量、竖着测,并以此挑剔与自己

交往的人。这样不仅会对他人形成片面的认识，还容易忽视自身的缺陷。这样的人注定没有朋友。

有这样一则小故事：

办公室里丽贝卡最讲究，她的办公桌总是一尘不染，文件摆放得整整齐齐，抽屉里放的小杂物也各有其位。上司和同事们都经常夸赞她。

"尼克真是好运气，以后娶了你，家里一定会布置得很温馨！"女伴们也这样夸赞她。

丽贝卡更加高兴了，经常主动地打扫办公室，她嘲笑同事说："看看瑞得的桌子，他似乎从来不擦，我甚至怀疑他每天洗不洗澡，早上刷不刷牙……"

"托马斯也真够懒的，他几乎没有提过一次水！"

"谁动了我桌上的文件？我不是这样摆放的……"丽贝卡冲着同事们叫道。

不知从什么时候开始，同事们很少找丽贝卡了，都远远地躲着她的办公桌。倒是被她认为脏兮兮的瑞得人气最旺，同事们经常凑到他那一起开玩笑，聊聊天。

尼克，她交往了两年的男友也没有珍惜自己的好运气，他主动提出和她分手："丽贝卡，你是个好姑娘，但是，你的那些标准让我紧张，我实在不知道什么东西应该放在哪里……这样生活下去我不会快乐的……"

丽贝卡最终成为孤家寡人，并不是因为她讲卫生的好习惯，而是因为她的"精明善察"。

良好的洞察力本来是一个人的优点，但是如果精锐的双眼总是盯在别人的缺点上，发现这个不好，觉得那个也不行，横挑鼻子竖挑眼，如此"至察"，自然把朋友都"吓"跑了。古语说："水至清则无鱼，人至察则无徒。"一个人过于清醒明白、自命清高，往往难以合群。发现了别人的缺点和失误，又挑三拣四地点评一番，以自己的标准苛求他人，这种人是难以和别人成为好朋友的。

高调必然难以合拍，因为"曲高"往往"和寡"，这把大尺子坚硬而沉重，就像一堵围墙，外面的人要进来却总是碰壁，他自己要出去也找不到出路。更要命的是，这种处境往往会影响别人和自己的情绪，紧张、焦虑甚至愤怒的情绪会把你的人际关系搅得一塌糊涂。如果不合群，即使是再有能力的人，也难以得到别人的拥护。

至察者无徒,一味对别人苛刻、挑剔只能让别人和自己合不来。真正有修养的女人会以宽容、豁达的胸襟对待周围的人,包括他们的失误和缺点。当那些不懂事、度量小、修养浅的人做了不利于自己的事时,也能宽容他们,谅解他们,不和他们一般见识。在融洽、平等、祥和的气氛中处理问题,千万不要因为自己掌握着标尺,而认为自己就是最正确的哲人或者圣者。这样自居尚且令人讨厌,如果以这样的身份和高傲的口吻凌驾于对方之上,对其指手画脚则是愚蠢。用度量去包容朋友,也包括包容朋友的缺点。不同人的观点不可能一致,你如何接受和对待朋友的看法呢?如果对朋友的话不屑一顾,一定会影响友谊。某些时候朋友的支持,不一定就是言论上与你唱和。他提出不同的看法,甚至是反对意见,对你也许是一种巨大的帮助。

当事后证明朋友当初的观点是错的,而你正因为听了朋友的话造成了损失,发生这样的事,也不能认为朋友当初的建议和看法是不怀好意。这只能说明你对问题的判断欠思考,或者事情发生了变化,而怨不得朋友。不是朋友不尊重你,你如果埋怨朋友,反而是你不尊重朋友了。

对朋友的不同意见,要有度量接受,允许人家说话,哪怕是过头的话。有不同意见是好事,就是谁出言不逊甚至恶语相向也无所谓,不就是几句话嘛!他说说自己的看法,甚至有一句半句过头话,又有什么关系?你不接受,但也不要去辩解,更不要反唇相讥,因为朋友相处是自由的又是平等的。既然相处在一起,应该不分学问高低、年龄大小、职位高低,彼此谁都可以发表自己的意见。不论自己有多高的水平、多大的本事,都要做到对朋友尊重、礼貌和为人谦虚。所以,当别人讲理不讲礼时,你以礼待之;别人讲礼不讲理时,你以理待之;别人不讲理也不讲礼,你回避一下就是了。

人与人相处,需要自我约束,谁也没有理由和必要去让别人完全按自己的想法或要求做。在这个世界上还没有一个伟人或凡人是按着另一个伟人或凡人的教诲而成为一个伟人或凡人的。不同意见特别是反对意见的价值常常高于赞同的意见,因为尽管不一定正确,可有时会使人茅塞顿开,获得一种与传统观念截然不同的观察事物的新视角。而且,反对意见、不同看法也许还会提供另一种解决问题的新途径。

第九章 用真诚打动别人:女人要学会做别人的朋友
ZHUAN GUO WAN JIU SHI XING FU

社交是一种艺术，它主要体现在与自己不喜欢的人交往中。那么，如何与不喜欢的人交往呢？首先，要对其进行品质的鉴定，看看他身上你所不喜欢的东西是不是本质问题，然后要避其要害，择善而从；其次，是要求同存异，以大局为重，有意忽略那些没必要的"枝节"问题；再次，就是要能够学会影响朋友。如果你的人格高尚，你就用高尚的人格影响他，这能够让一个人改变庸俗、惰性。另外，你还要懂得接受朋友的影响，倘若你发现你的"不喜欢"是因为自己的个性使然，你就应该放弃自己的个性，然后去适应朋友的个性。

 ## 沉默的力量不容忽视

在各种纠纷中，一些女人争强好胜，出尽了风头，末了却一败涂地。而另外一些女人却能充耳不闻，装聋作哑，以沉默对之，结果反而胜了。前者是小聪明，后者才是真的聪明。

某公司有一个女孩子，平日只是默默工作，并不多说什么话，和人聊天，总是面带微笑。有一年，公司里来了一个好斗的女孩子，很多同事在她主动发起的攻击之下，不是辞职就是调离。最后，矛头终于指向了这个女孩。某日，这位好斗的女孩子抓到了那位一贯沉默的女孩子的把柄，立刻点燃火药，噼里啪啦一阵，谁知那位女孩只是默默笑着，一句话也没说，只偶然问一句"啊？"最后，好斗的那个主动鸣金收兵，但已被气得满脸通红，一句话也说不出来。过了半年，这位好斗的女孩子自动辞职了。

你一定会说，那个沉默的女孩子的"修养"实在太好了，其实是那位女孩子听力不大好，理解别人的话不至有困难，但总是要慢半拍，而当她仔细聆听你的话语并思索你话语的意思时，脸上又会出现"无辜"、"茫然"的表情。你对她

发作那么久,那么卖力,她回以的却是这种表情和"啊"的不解声,难怪对方要斗却斗不下去,而只好鸣金收兵了。

这个故事说明了一个事实:装聋作哑的力量是巨大的,面对"沉默",所有的语言力量都消失了!

在人际交往中,有许多场合都可以使用"装聋作哑"的办法,从而躲开别人说话的锋芒。其技巧关键在于躲闪避让的机智,虽是"装作",正如实施"苦肉计"一样,却一定要表演得自然。

"装作不知道",就是指对别人的话装作没有听到或没有听清楚,以便避实就虚、猛然出击的方式。它的特点是:说辩的锋芒主要不在于传递何种信息,而是通过打击、转移对方的说辩兴致使之无法继续设置窘迫局面,化干戈为玉帛,能够审辩于无形,不战而屈人之兵。

"装聋作哑"的妙用如下。

1. 可用于挽回"失语"所造成的尴尬局面

"马有失蹄,人有失言"。偶尔失语在语言交际中难免发生,但失语往往是许多矛盾发生和激化的根源。因此,换回失语,在语言交际中是很有必要的。

例如:实习期间,小文在黑板上刚写了几个字,学生中突然有人叫起来:"老师的字比我们李老师的字好看!"

真是语惊四座,稚嫩的学生哪能想到:此时后座的班主任李老师是怎样的尴尬!对还是实习生的小文来说,初上岗位,就碰到这般让人难堪的场面,的确使人头疼,以后怎样同这位班主任共度实习期呢?转过身来谦虚几句,行吗?不行!这位实习生灵机一动,装作没有听到,继续写了几个字,头也不回地说:"不安安静静地看课文,是谁在下边大声喧哗!"

此语一出,后座的李老师紧张尴尬的神情顿时轻松多了,尴尬局面也随之消除。

这里小文就是巧妙地运用装作不知道,避实就虚,即避开"称赞"这一实体,装作没有听清楚,而攻击"喧闹"这一虚像,便巧妙地告诉那位班主任"我"根本没有听到,从而避免了为以下的交往设下障碍,又打击了那位学生的称赞兴致,避免了他误认为老师没有听见的可能而再称赞几句,以致再次造成尴尬局面。

2. 处理、制止别人的中伤、调侃

朋友之间虽然很要好,有时也会因开玩笑过头而大动肝火,伤了和气。对于这种情况,不妨巧妙地运用"装作不知道"回避掉。

吴丽因身体肥胖,同班的李明、张峰"触景生情",便"冬瓜"长"冬瓜"短地做起买卖来,并时不时拿眼瞅吴丽,扮鬼脸。拿别人的生理"缺陷"来开过火的玩笑,实在让吴丽气愤。欲要制止,就是不打自招;如不管他们,却又按捺不住心中的怒火。怎么办呢?

此时吴丽稳了稳躁动的情绪,缓缓地走过去,拍着二人的肩膀,轻言细语地问:"李明,听说你有 1.8 米高,恐怕没有吧。"接着又对张峰道:"你今天早上吃饭没有?"

听到这般温柔怪诞的问话,兴奋中的二人一时愣住,大眼瞪小眼,如坠云里雾中,刚才有声有色的"买卖",再也没有兴致继续下去。吴丽以"装聋作哑"之计化解了原本很尴尬的局面,更重要的是她并没有破坏与李明、张峰之间的关系。

挖苦、讽刺,都是一种用尖酸刻薄的语言,贬损、揶揄对方的行为,极易激怒对方。为避免大动肝火,两败俱伤,我们可巧妙地运用装作没听明白的方式见机而行。

总之,"装聋作哑"可以用在各种交际场合。作为女人,恰如其分地运用它,有助于换得好人缘。

 **别为爱情放弃友情**

每一个女人,在她漫长的一生中,一定要拥有几个亲如姐妹的好友,这种好友,有一个温暖的名字,叫"闺中密友"。闺中密友的情分,细细绵绵,悠悠长

长,一辈子也倾诉不尽。在各种角色压力充斥女人生活空间的今天,懂得爱自己的新女性在拥有闺中密友的同时也经营着自己的"蓝颜知己"。

有了朋友就会有惦念,被人惦念是一种幸福;而朋友多了,惦念就会多,幸福便像春日里的花,盛开在每一个角落。事实上,更多的时候,朋友是港湾,是一种停泊。有了朋友,可以尽情地释放心情,愉悦地跨越人生旅途的障碍,轻松舒展地走过四季。

很多女人都体会到来自于"死党"、"闺中密友"的幸福。有了那种喁喁私语、亲密无间的女朋友,她会在你受到委屈、误解、伤心时耐心地倾听你的苦恼,给你以安慰;在你遇到困难、经受困苦、需要帮助时,她会无私地伸出双手,给你以帮助。交了这样的女友真是应该珍惜。

然而,女人间的友谊,一定要把握好分寸。亲如闺中密友,也应该有一定的距离,这样,才会让你们的友谊长久保鲜。在你们的交往中,最重要的一点就是尊重对方的隐私,不要把"无话不说,无所不谈"作为情深的最高标准。是否成为知己,不在乎言语的多少,关键在于理解。

除了几个闺中密友之外,自信的女人还应有"蓝颜知己"。与蓝颜知己的感情是女人友情世界中的珍品,它是升华了的精神友情,它没有爱情中的卿卿我我与无端牵挂,它不像爱情那么娇嫩且易夭折。它是无须侍弄的仙人掌,充满水分,时时滋润你的心灵沙漠;它坚强而毫不鲜艳,在一切都凋零时依旧在你身边泛着翠绿。

一个蓝颜知己,并没有人苛求你去爱他,你可以喜欢他,比喜欢一个朋友还要喜欢,但不是相爱。你和他不必因走得太近而造成彼此的伤害。而与友情相比,它又多了一份来自异性相吸的引力和魅力,其丰富隽永的意蕴又非单纯的友情相比,彼此间的关注已经渗入到心灵深处,这是一种奇妙而现代的感情。

一个男人与一个女人深沉的友谊,对于彼此,是一种阳春白雪的照耀,值得一生珍藏与呵护。

拥有蓝颜知己的女人应该算是这个世上最幸运的一类女人。与一个没有感情纠葛的男人交往,彼此都有着那样多的共同语言,彼此都有息息相通的感觉,在滚滚红尘中,得以用一种深沉的感情互相照看,使她们有机会冷静地换

第九章 用真诚打动别人:女人要学会做别人的朋友

一种眼光看待自己,同时更深入地了解异性的世界。一个懂得欣赏与沟通的女人,必定对于世界有一种更加宽容的态度,在这种态度的带动下,世界在她眼中,无疑是美好而温情的。

正是这些蓝颜知己们用自己健康的心灵去安慰、关怀着现代女性,使女人们走出家庭和婚姻为主的情感旧旋律而构建起更为丰富、完整的现代新型感情世界。

冰心曾说:"爱情在左,友情在右,它们在生命之路的两旁,随时播种,随时开花,将这一径长途,点缀得花香弥漫,使穿枝拂叶的人,踏着荆棘,不觉痛苦,有泪可落,也不是悲凉。"

因为朋友是陪伴你一生的人。一生中,除了亲人,没有别人能像朋友一样为你祈祷平安,所以,要珍惜朋友,热爱朋友,像爱护眼睛一样呵护与朋友之间的友谊,这样,你就会享受百分之百的快乐。如果找到了知己朋友,你们会比亲姐妹还亲,你可以尽情地倾吐,不必像在父母面前那样考虑辈分的尊严,不必像在上司跟前那样拘谨,也不必像在同事之间那样照顾身份和形象,只要你想到了,就可以畅快地流露,尽情地宣泄,一吐为快,还原自我。只有朋友可以毫无顾忌地接受这一切,所以,朋友才是永恒的财富,是在你困难时给你帮助,在你软弱时给你勇气的人。

生活中,人人都会有朋友、知己,这种友情是一种最纯洁、最高尚、最朴素、最平凡的感情,也是最浪漫、最动人、最坚实、最永恒的感情。人人都离不开友情,你可以没有爱情,但是你决不能没有友情;一旦没有了友情,生活就不会有悦耳的声音,就如死水一潭;友情无处不在,它伴随你左右,萦绕在你身边,和你共度一生。

赢得友谊和爱的秘诀

孔子曾经说过:"不患人之不知己,患不能也。"

如果你想赢得别人的友谊和爱,就不要担心别人是不是喜欢你,而是应尽力把你能吸引别人的潜质发挥出来。

玛丽安曾经动情地讲过她生命早期的一段日子里的状态。那段日子里,她颓废至极,差点被强烈的失败感击垮,她以为自己永远离开舞台了。经过一番自我反省和对心灵的探索之后,她渐渐地找回了继续奋斗的信心和勇气。有一天,她高兴地告诉母亲:"我想唱歌!我要让所有人都爱我!我想做完美的自己!"

母亲答道:"这个目标确实很伟大。可是,就算是完美的上帝也没有要求所有人都爱他。伟大永远居于热爱之后。"

玛丽安把母亲的话深深地装在了心里。她又开始了自己的歌唱事业,她放弃空想,极力地追求完美。

每个人都有希望受人重视的情结,希望别人喜欢他,赞美他,把他当做好朋友,爱他,呵护他。和其他任何一种成功一样,友谊是要人们全心地付出才能得到的,被接受并不能得到友谊。你一定要主动争取才能得到它,而不能靠被动地接受。善于应酬的人未必能够赢得朋友,二者之间没有必然的联系。更多的时候,赢得朋友是一种心态,一种对生活和对他人的态度,一种想付出爱、关怀他人的欲望。

如果想赢得友谊,就要付出我们的友谊;想让别人爱我们,就要先去爱别人;如果想吸引别人的注意,你也要先表现出对他十分感兴趣。除此之外,别

第九章 用真诚打动别人:女人要学会做别人的朋友

无选择。

　　为了赢得友谊和爱,我们除了要抱着以上所说的态度之外,还要在行动中表现出来。你得明白,只有把你那颗纯真善良的心表现出来才有它的价值。

第十章
拥有一颗平常心：
幸福来源于简单的生活

 拥有一颗平常心

平淡的生活是每天做不完的生活琐事：做工作、做家务等等；平淡的生活是一杯茶、一声问候；平淡的生活是规律、是习惯、是每天习以为常的作息；平淡的生活是开门七件事：柴米油盐酱醋茶。

女人的一生是崎岖不平的，总会遇到高山险川，那是女人施展才华、吸取经验的时刻，但女人一生的大部分时间是在平淡的生活中度过的。在这平淡中有着深情，有着实实在在的幸福。而真爱和幸福恰好是在最平淡的生活中体现出来的，如果生活给了女人快乐，那就应从这最平凡的小事中去体味人生的幸福。

聪明的女人都知道，只有平常的幸福才是最珍贵的幸福。生活中不会总是激情澎湃；生活里也不都是热情如火；男人不都是潇洒英俊，事业有成；工作不都是高薪厚禄，一路顺风；生活更不会每天都有鲜花和掌声。

生活中更多的时候是平淡如水，游走在各个角落更多的是平凡的人。所以，女人不要苛求太多，多一些宽容，少一些猜忌，多一些理解，少一些埋怨。当岁月在生命的季节里轻轻地滑过，你会发现，能抓住的只有现在。珍惜现在，珍惜眼前，珍惜所拥有的一切，幸福就围绕在女人的周围，快乐就充满在每个角落。

其实，很多时候女人就生活在幸福和快乐中而不自知。那么请你想想：下班回家，先回家的老公是否已经做好了饭菜等你回来？起床了，匆匆地梳洗完毕，桌子上是否有人为你精心准备了早餐？下班时，忽然下起了雨，是否曾经有过同事热情地送你回家？和同学一起去旅游，老公把所有要带的用品都收

拾好,嘱咐这嘱咐那。旅游回来后去洗澡,等洗完出来老公是否已经把旅行包里的东西取出,该洗的在洗衣机里洗着,其他的都收拾整齐?

休息的日子,把家里收拾得干净利索,你拿着一本喜欢的书,坐在阳台上慢慢地读,屋外的阳光暖暖地晒在身上,室内有音乐响起。

这些事情可能是平淡的,生活本身也就是琐碎和平淡的,那么,你是否用平常心体验过这种幸福?

我们感悟平常心,希望拥有平常心,读懂平常心,就像夜里看到满天星光。感悟平常心,宛如在静静的旷野,在清幽的山涧,寻找清泉,寻找幽兰,静听樵歌。拥有平常心,宛如拥有一架美妙的竖琴,让女人的心灵沉浸在欢欣、激昂的乐曲里;宛如向心灵世界播撒阳光、雨露,满溢波涛与浮光。

要知道,更多的时候,世界没有改变,改变的是我们的心情。每天给自己一个微笑,开心就好。做一个潇洒健康快乐的女人,让一颗平常心时刻沐浴着阳光,享受着生活的每一天,在阳光中体验做女人的潇洒。

女性要远离刻薄

我们在生活里常常见到这样一类女人,她们的性格里其实充满了刻薄的成分。比方说,这种女人,见了所有同她无关的灾祸,都会兴奋得手舞足蹈,她的表现完全是一副幸灾乐祸的样子。

"哎呀呀,不好啦,那里的大楼倒塌了,你们快去看啊!"

"哎呀呀,不好啦,街道上一辆大卡车压死了一个老太太,脑袋都压得扁扁的啦!你们快去看啊!"

她嘴巴上说的是"不好啦",可她脸上的笑容却表达着另外一层幸灾乐祸的意思!

这种女人对她周围的世界几乎总是充满了一股不可思议、不可解释的敌意。不管你跟她有没有实质性的关系,有没有一丁点仇恨,她都巴望你倒霉,你越是倒霉她就越是开心,她的日子也就过得越有滋味,心里就越是舒坦,精神上也就越满足。

这样的女人不但愚蠢,甚至有点可恶,尤其是那些性格变态的女人,就更令人觉得可怕了。

平常这种女人贪得无厌,什么都争,什么她都要占上风。比如买一捆大葱,她抖土也得比别人多抖几下,嘴巴里还不停地唠唠叨叨地埋怨,即使没有什么可埋怨的地方,她还是要埋怨。仿佛不埋怨一通,她就会活活憋死似的。什么东西到了她那里便都是好的、唯一的了;什么东西到了别人那里,就都是不好的,都是有毛病的,从一只喝水杯子到一块地毯,都是她家里的最好……

许多情场失意或曾经遭受过情感打击的女人,往往分外嫉恨别人的幸福,嫉恨别人的家庭,嫉恨别人的一切。只要你稍微留点心,从自己身边的生活里就会不难发现这样的女人。

这样的女人往往深居简出,自我封闭,她们从锁孔里和猫眼里看外面的世界,她们嘴里说出的话,常常莫名其妙,而且充满了尖刻,叫你怎么都无法跟她交谈。

女人一旦刻薄起来,便让大多数人无法接受。

古时那些宫廷里的女人,为了争宠,互相嫉恨,尔虞我诈,她们对付对手,恨不得一下子置对方于死地,如果在现实中无法做到这一点,她们就利用诅咒的手段来消除自己心里的怨恨。譬如,用针刺假人这种巫术方式来诅咒自己的仇家,恨不得她一辈子倒霉,恨不得她嘴上长疮、脚底流脓,恨不得她得一场大病,恨不得她遇上飞来的横祸,总之希望她不得好死!

当然,女人嫉恨的对象大半还是女人。有这样一个女人,是个专门搞艺术的。按说,搞艺术的女人应该比一般人的素质和修养都要高,是不是?其实呢,并非我们想象的那样。

这个女人的丈夫有了外遇,她知道后,怒火冲天,从那一天起,战争就开始了,硝烟滚滚了好几年。

这一场战争中,她将自己的艺术才能发挥得淋漓尽致,她心里的敌人自然是那个勾引了她丈夫的"无耻女人"。她倒没有对自己的丈夫太过分地怎么样,在她看来,自己的丈夫很老实,要不是那个无耻的女人主动勾引,她丈夫是不会迈出那一步的,因此,她发誓要把那个无耻的女人整得抬不起头来!

后来,她果然千方百计地利用种种的关系达到了她报复的目的,这里面包括她用各种手段来获取关于那个女人的隐私,然后予以公开。她用这样的手段,竟然从阴暗的角落里,一下子牵扯出了好几个同那个倒霉的女人有过暧昧关系的干部,原本一个简单的男女作风问题,立刻就变成了一场巨大的风暴了。所有受到牵连的男人自然都无法脱尽干系,弄得那女人人不像人、鬼不像鬼,似过街老鼠人人喊打。在单位上完全立不住脚了,后来换了一个新的单位,又被她跟踪追击,穷追猛打一通,又是好一通地宣扬,结果那女人还是立不住脚,狼狈之极,最后竟然到了直想寻死的地步……

刻薄使一个女人变得可怕,这种女人的内心始终弥漫着有毒气体,别人稍微一靠近就会遭殃,后来,人们只能绕道而行。因此,女人一定要认识到问题的严重程度,改掉这一弱点。

别为小事烦恼

有一天,素有"森林之王"之称的狮子,来到了天神面前说:"我很感谢你赐给我如此雄壮威武的体格、如此强大无比的力气,让我有足够的能力统治这整片森林。"

天神听了,微笑着问:"但是这不是你今天来找我的目的吧,看起来你为了某事而困扰呢!"

狮子轻轻吼了一声,说:"天神真是了解我呀,我今天来确实有事相求。因为尽管我的能力很强,但是每天鸡鸣的时候,我总是会被鸡鸣声给吓醒。神啊!祈求您,再赐给我一种力量,让我不再被鸡鸣声给吓醒吧!"

天神笑道:"你去找大象吧,它会给你一个满意的答复的。"

狮子兴冲冲地跑到湖边去找大象,还没见到大象,就听到大象跺脚所发出的砰砰声。

狮子加速跑到大象那里,却看到大象正气呼呼地直跺脚。

狮子问大象:"你干嘛发这么大的脾气?"

大象拼命摇晃着大耳朵,吼道:"有只讨厌的小蚊子,总想钻到我耳朵里,害得我都快痒死了。"

狮子离开大象,心里暗自想着:原来体形这么巨大的大象,还会怕这么瘦小的蚊子,那我还有什么好抱怨的呢?毕竟鸡鸣不过一天一次,而蚊子却是时时刻刻地骚扰着大象。这样想来,我可比他幸运多了。

狮子一边走着,一边回头看着正在跺脚的大象,心想:天神让我来看看大象的情况,应该就是想告诉我,谁都会遇上麻烦事,而他并无法帮助所有的生物。既然如此,那我只好靠自己了!反正以后只要鸡鸣时,我就当做鸡是在提醒我该起床了,如此一想,鸡鸣声对我还算是有益处的呢!

心平气和方能化解一切矛盾。人生路上会遇到许多不如意的事,磕磕绊绊也少不了,是心平气和地去化解,还是怒火冲天地去对待?往往一件小事就能决定你今后的命运如何。生命太短暂了,女人不要让小事绊住脚步,不要让琐碎的烦恼浪费我们宝贵的时光。让我们的一生中每一天都过得快乐而有意义。

贪图便宜的人最容易吃亏

生活中,不要总想着事事争强,处处占人上风,这样做最后只会害了你,因为只知道占便宜的人就是最容易吃亏的人。

公交车上总是会有那么多人,从来就没有空的时候。这日莎燕下班回家,在公司门前的那个站牌等公车。千等万等,终于来了一趟。

莎燕努力地向上挤,终于挤上了车。但挤车时一不小心,踩了旁边的胖大嫂一脚。胖大嫂的大嗓门叫开了:"踩什么踩,你瞎了眼了?"莎燕原本还想道歉,但一听这话,面子上挂不住了:"就踩你了,怎么着?"

于是,两个女人的好戏开演了。双方互相谩骂,恶语相加。随着火力的升级,两人竟然动起了手,胖大嫂先给了莎燕一巴掌,莎燕也立即以牙还牙,两手都上去了,在胖大嫂脸上乱抓一通。还是边上的人好心,才把两人拉开了。莎燕的指甲长,抓破了胖大嫂的脸,而她却没怎么受伤。想到这里,莎燕不禁得意起来。

终于回到了家,一进家门莎燕便向老公倒起了苦水。不过她倒认为自己没吃亏,反倒把那恶妇抓破了脸,讲到这里一脸的得意,这时老公看了她一眼,惊奇地问道,你右耳朵上的那个金耳坠呢?莎燕一摸耳朵,耳坠早已不见了……

我们经常以为"以牙还牙"就是让自己不吃亏的最大原则,总以为别人占自己一分便宜,自己就要想尽办法占三分回来,否则自己就是吃了大亏,但是事实真的像我们想象的那么单纯吗?

其实不然,因为,当你得意洋洋地以为自己什么亏都没吃到时,实际上,可

能反而是吃了大大的亏。

别人无意中踩了你一脚,实属无心无意之举,何必吹胡子瞪眼,弄得鸡飞狗跳,不欢而散？况且,局面越是混乱就越容易出意外。与其给人以可趁之机,倒不如心平气和相互道一声"对不起",不就什么事都解决了吗？

有一位小姐到一家保龄球馆打保龄球。

这位小姐提起一个10磅重的球,小跑几步,朝球瓶奋力掷去,哪知道她那无缚鸡之力的纤纤玉指没把球抓稳,球没有朝目标飞去,却听"哎哟"一声尖叫,球重重地砸在了旁边一位女士的脚上,痛得她直叫。血浸透袜子,左脚大拇趾的指甲已经脱落。

小姐吓得面色发紫,惊惶失措,一个劲地说:"对不起,请原谅,我该死,我第一次打保龄球,请多多包涵。"那位女士并未恼怒,而是忍痛笑道:"小姐,你再练一定能次次击中,我的脚趾头那么小都能打中,球瓶那么大还能打不中？"小姐忍不住扑哧一声笑红了脸:"十指连心,可您忍着不骂我,真是太仁慈了。"

后来,这个意外事故的结尾却成就了一个美好故事的开端,她们成了情深义重的好姐妹。那位小姐说:"她胸襟宽广,为人和气,机智幽默,懂得体贴、谅解他人过失,是值得终生相交的好姐姐。"那位女士也说:"当初我要是骂一顿、吵一通,既不解痛,也不解气,何苦来着？丢了个指甲盖,却捡来个好妹妹,真是吃亏是福啊！"

心胸宽广一点吧,吃点小亏并不会给你带来太大的损失,反而会让你赢得更多的敬意和人缘,这样看来吃亏又何尝不是在占人家的便宜呢。

攀比是一把刺向自己的利剑

攀比，是人的一种天性。一个人有思维，必定有思想。看到人家好，人家强，凡夫俗子，哪个不心动？

这世间，有的人家财万贯、锦衣玉食；有的人仓无余粮、柜无盈币；有的人权倾一时，呼风唤雨；有的人抬轿推车、谨言慎行；有的人豪宅、名车、娇妻；有的人丑妻、薄地、破棉衣……一样的生命不一样的生活，常让我们心中生出许多感慨。

看到人家结婚，车如龙，花似海，浩浩荡荡，又体面，又气派。想想当年自己，几斤水果几斤糖，糊里糊涂就和自己的男人进了洞房，心里就憋屈。

看到人家逢年过节，送礼者踏破门槛、挤裂墙，而自家却是"西线无战事"、"顿河静悄悄"，心里就妒。

看到人家暮有进步，朝有提拔，今日酒吧，明日茶楼，而自己却是滴水穿石，总在原地，猫在家里，像只冬眠的熊，心里就酸。

看到人家儿成龙，女成凤，而自家小子又倔又强没出息，心里就怨……

看看别人，比比自己，生活往往就在这比来比去中，比出了怨恨，比出了愁闷，比掉了自己本应有的一份好心情。

生活的差别无处不在，而攀比之心又是难以克服，这往往给人生的快乐打了不少折扣。但是，我们可以换一种思维模式，别专拣自己的弱项、劣势去比人家的强项、优势，比得自己一无是处，那样多累。要把眼光放低一点，学会俯视，多往下比一比，生活想必会多一份快乐，多一份满足。正如一首诗中所写："他人骑大马，我独跨驴子，回顾担柴汉，心头轻些儿。"再说骑大马的感觉也并

不一定就是你想象的那么好,也许跨着驴子,悠哉游哉,更能领略一路风光,更感悠闲、自在。

生命是一个由起点到终点,短暂而漫长的过程,在这个过程中每个人所拥有和承受的喜怒哀乐、爱恨情仇都是一样的、相等的。这既是自然赋予生命的规律,也是生活赋予人生的规律,只不过我们享用、消受的方式不同,这不同的方式,便演绎出不同的人生。于是,有的人先苦后甜;有的人先甜后苦;有的人大喜大悲,有起有落;有的人安顺平和、无惊无险;有的人家庭不和,但官运亨通;有的人夫妻恩爱,却事业受挫;有的人财路兴旺,但人气不盛;有的人俊美娇艳,却才疏德浅;有的人智慧超群,可相貌不恭。

有一妇人,年轻的时候,心灵貌美,贤慧能干,可嫁人十年,就"克死"了三个丈夫,当年一双水灵灵的眼睛硬是被泪水泡得混浊痴呆。当她的第三个丈夫撒手而去的时候,她誓不再嫁!她拉扯着三个丈夫留下的儿女守寡,几十年来村子里的人压根儿就没见她笑过,大家同情她、可怜她,说她命真苦。可就是这么个命苦的人,养的一儿一女却意外地争气,双双考取名牌大学,并都在京城成家立业。两兄妹亲自开着轿车回来,把母亲接到北京。那会儿,老人僵硬的苦脸终于露出了欣慰的笑颜,乡亲们也第一次向老人投去羡慕的眼光,大家都感慨地说,真是苦到了尽头。是啊,也许这就是生活,有苦有甜,有悲有喜,有山穷水尽之时,也有峰回路转之日。

人间没有永远的赢家,也没有永远的输家,这一如自然界中,长青之树无花,艳丽之花无果。雪输梅香,梅输雪白。

俗话说,人生失意无南北,宫殿里有悲哭,茅屋里有笑声。

只是,平时生活中无论是别人展示的,还是我们关注的,总是风光的一面、得意的一面,这就像女人的脸,出门的时候个个都描眉画眼,涂脂抹粉,光艳亮丽,这全都是给别人看的。回到家后,一个个都素面朝天,这就难怪男人们感叹:"老婆还是别人的好。"于是,站在城里,向往城外,而一旦走出围城,就会发现生活其实都是一样的。

有位哲人说过:"与他人比是懦夫的行为,与自己比是英雄。"这句话乍一听不好理解,但细细品味,却也有它的道理。

生活中,总会有不尽如人意的地方。我们不妨换个角度去看,你就会发现,你自己什么也不缺,你应该羡慕的人不是别人,正是你自己。

 贪婪到极致是虚无

贪婪指贪得无厌,即对与自己力量不相称的事物的过分欲求。它是一种病态心理,与正常的欲望相比,贪婪没有满足的时候,反而是愈满足,胃口就越大。

贪婪并非遗传所致,是个人在后天社会环境中受病态文化的影响,形成自私、攫取、不满足的价值观而出现的不正常的行为表现。

以前,有一个国王,王妃为他生了一群白胖的王子。好不容易他最宠爱的一个妃子为他生了一位漂亮的公主。国王对小公主疼爱有加,视如掌上明珠,舍不得稍加训斥。凡是公主想要的东西,国王从来都不会拒绝,就是她要天上的星星,国王也恨不得能攀登天空,为公主摘下来,点缀彩衣。

公主在国王的呵护纵容下,慢慢成长为豆蔻年华的少女,渐渐懂得了装扮自己。有一天,春雨初霁的午后,公主带着婢女徜徉于宫中花园。只见树枝上的花朵,经过雨水的润泽,花苞上挂着几滴雨珠,显得愈发娇艳;葱郁的树木,翠绿得刺人眼睛。公主正在欣赏雨后的景致,忽然目光被荷花池中的奇观吸引住了。原来池水正冒出一颗颗状如珍珠的水泡,浑圆晶莹,闪耀夺目。公主看得入神忘我,突发奇想:"如果把这些水泡串成花环,戴在头发上,一定美丽极了!"

她打定主意,于是叫婢女把水泡捞上来,但是婢女的手刚一触及水泡,水泡便破灭无影。折腾了半天,公主在池边等得愤愤不悦,婢女在池里捞得心急如焚。公主终于气愤难忍,一怒之下,便跑回宫中,把国王拉到了池畔,对着一池闪闪发光的水泡说:

转过弯就是幸福 幸福女人要懂得的心理学

"父王！您一向是最疼爱我的，我要什么东西，您都依着我。现在女儿想要把池里的水泡串成花环，戴在头上。"

"傻孩子！水泡虽然好看，终究是虚幻不实的东西，怎么可能做成花环呢？父王另外给你找些珍珠水晶，一定比水泡还要美丽！"国王无限怜爱地看着女儿。

"不要！不要，我只要水泡花环，我不要什么珍珠水晶。如果您不给我，我就不想活了。"公主哭闹着。束手无策的国王只好把朝中的大臣们集合于花园，忧心忡忡地说道："各位大臣，你们号称是本国的奇工巧匠，你们之中如果有人能够用池中的水泡，为公主编织美丽的花环，我便重重奖赏。"

"陛下！水泡刹那生灭，触摸即破，怎么能够拿来做花环呢？"大臣们面面相觑，不知如何是好。

"哼！这么简单的事，你们都无法办到，我平日如何善待你们？如果无法满足我女儿的心愿，你们统统提头来见。"国王愤怒了。

"国王请息怒，我有办法替公主做成花环。只是老臣我老眼昏花，实在分不清楚水池中的水泡，哪一颗比较均匀圆满，能否请公主亲自挑选，交给我来编串。"一位须发斑白的大臣神情笃定地打圆场。

公主听了，兴高采烈地拿起瓢子，弯下腰身，认真地舀取自己中意的水泡。本来光彩闪烁的水泡，经公主轻轻一触摸，霎时破灭，变为泡影。捞了半天，公主连一颗水泡也没有拿起来。

显然，公主的水泡花环梦想难以实现。我们暂且不说公主失望的表情，先来研究分析一下公主有此梦想的根源：正因为公主生活无忧，物质富足，她才贪羡那些虚无的东西。可以说，这是贪婪的极致。极致的贪婪蒙蔽了公主的眼睛，使她是非难辨，幻想与现实不分，闹出如此笑话。

现代生活中的某些人是不是也有着公主的影子呢？过度的追逐名利，只能陷入痛苦的深渊。然而，世人大都面对金钱爱不释手，面对名利心难清静。更有甚者，为虚无的目标而苦命追逐。然而由于目标不当，有时不仅不会带来快乐，反而会成为烦恼的根源，且白费精力。

其实，我们每一个人所拥有的财物，无论是房子、车子……无论是有形的，还是无形的，没有一样是属于自己的。那些东西不过是暂时寄存于你处，有的

让你暂时使用,到了最后,物归何主,尚未可知。所以,智者把这些财富统统视为身外之物。

"身外物,不奢恋"是思悟后的清醒。因为,即使我们拥有整个世界,一天也只能吃三餐,一次也只能睡一张床,几乎每一个人都能获得如此享受。许多事实证明,生活中鱼和熊掌难以兼得。

不要成为金钱的奴隶

这是一个极具诱惑力的社会,这是一个欲望膨胀的时代,人们的心里总是充满着欲望和奢求,追逐名利,穿高档衣服,吃山珍海味,坐名车住毫宅,而这一切都需要钱。所以,有些女人把追求财富当做了生活的全部内容。这样一来,她们就再也无法享受到生活的宁静美好,反将自己搞得身心疲惫。痴狂地追求财富就必为财富所奴役。

有一位先生讲述了他曾经和自己要强的妻子一起度过的一段悲惨时光。她似乎只有一种想法,而这种想法占据了她整个的生活——那就是赚钱。她对于生活本身丝毫不感兴趣,而生活绝对不能干扰她为赚更多钱而制订的工作计划。这位先生说,后来他们的家完全不是一个家了。她一回到家里,就为更多的生意进行思考和安排计划,为赚更多钱制订更多的方案。这样,赚钱已经成了她的唯一癖好。长此以往,她总是显得那么疲惫不堪,每当晚上回到家时,她甚至累得抬不起头来。但即使这样,她仍然不休息,而是很快地投入到工作中去,思考并计划着更多的生意。于是,她总是使自己处在一种连续的疲劳状态之中。

本应该留在办公室里的生意和业务,总是时时刻刻伴随着她。她先生说:

转过就是弯幸福

幸福女人要懂得的 心理学

"我记得她总是在午夜以后还坐在那里,端详着她的杯子并且仍然在思考、在作计划。我听见了她那痛苦的咳嗽声,于是我常常走下楼去恳求她为了健康而休息一下,该上床睡觉了,更何况我有能力给予她足够宽裕的生活。但她从来都是很固执。"

"她坦率地对我说过许多次,我的乞求毫无用处,如果在她的计算过程中少了一分钱,她也不会放弃,直到查出那分钱为止。有几次,我在地板上丢下一分钱,并且把它捡起来交给她说:'这就是差额。我刚把它从地板上捡起来,也许是你的。'但是,她很敏锐地看穿了我的诡计。她无法停下来,直到在自己的书中发现了那一分钱,哪怕为此干上一个通宵!"

尽管这个女强人有上百万的财产,但是她没有了正常的家庭生活,也享受不到家庭的欢乐。后来,她的丈夫和孩子疏远了她。她从来没有像别人那样拥有空余时间去享受快乐,她总是处于不停地思考、计划和努力工作之中,直到死亡把她带走。

财富可追求却不可强求,每个人都要保持一种平和的心态,摆正财富的位置。那句俗语像是永远的真理:金钱不是万能的,不要只为金钱而生活。

 人生没有过不去的事,只有过不去的人

人的承受能力,其实是远远超过我们的想象,就像不到关键时刻,我们很少能认识到自己的潜力有多大一样。同样,在我们没有遭遇到痛苦的时候,我们根本不知道自己能够承受住多大的打击。

人总是在遭遇一次重创之后,才会翻然醒悟,重新认识到自己的坚强和坚韧。所以,无论你正在遭遇什么磨难,都不要一味抱怨上苍是多么不公平,甚

至从此一蹶不振。人生没有过不去的事,只有过不去的人。

曾经有这样一位农村妇女,18岁的时候结婚,26岁赶上日本鬼子侵略中国,在农村进行大扫荡,不得不经常带着两个女儿、一个儿子东躲西藏。村里很多人受不了这种暗无天日的折磨,想到了自尽,她得知后就会去劝:"别这样啊,没有过不去的坎,日本鬼子不会总这么猖狂的。"

她终于熬到了把日本鬼子赶出中国的那一天,可是她的儿子却在那炮火连天的岁月里,由于缺医少药,又极度缺乏营养,因病夭折了。她的丈夫不吃不喝在床上躺了两天两夜,她流着泪对丈夫说:"咱们的命苦啊,不过再苦咱也得过啊,儿子没了咱再生一个,人生没有过不去的坎。"

刚刚生了儿子,她的丈夫因患水肿病而离开了人世。在这个巨大的打击下,她很长时间都没回过神来,但最后还是挺过去了,她把三个未成年的孩子揽到自己怀里,对他们说:"爹死了,娘还在呢,有娘在,你们就别怕,没有过不去的坎。"

她含辛茹苦地把孩子一个个拉扯大了,生活也慢慢好转了,两个女儿嫁了人,儿子也结了婚。她逢人便乐呵呵地说:"我说吧,没有过不去的坎,现在生活多好啊。"她年纪大了,不能下地干活,就在家纳鞋底、做衣服、缝缝补补。

可是,上苍似乎并不眷顾这位一生波折的妇女,她在照看自己的孙子时不小心摔断了双腿,由于年纪太大做手术危险,因此一直没有手术,所以她只能躺在床上了。她的儿女们都哭了,她却说:"哭什么,我还活着呢。"

即便下不了床了,她也没有怨天尤人,而是坐在炕上做做针线活,她会织围巾、会绣花、会编手工艺品,左邻右舍的人都夸她手艺好,前来跟她学艺。

她活到86岁,临终前,她对她的儿女们说:"都要好好过啊,人没有过不去的坎……"

是的,人生中,没有过不去的坎,只要我们有良好的心态,咬咬牙,任何困难都会过去的。

没有谁的一生能够一帆风顺,如果你正在遭受你觉得不堪忍受的东西,哪怕是再大的不幸,也要相信一切都会过去,就像天空不会总是乌云密布,总有雨过天晴的一天一样。再坚持一会儿,就能看到明媚的阳光。

人生没有过不去的事,只有过不去的人。生活中我们不必去乞求,生活里

第十章 拥有一颗平常心:幸福来源于简单的生活

不可能总是艳阳天,狂风暴雨随时都有可能来临。但只要我们有迎接厄运的勇气和胸怀,在低谷和挫折面前不低头,跌倒了重新爬起来,以勇敢的姿态去迎接命运的挑战,就能迎来人生的辉煌。

承受痛苦的容器大了,痛苦的感觉就淡了

如果痛苦是一勺盐,我们用什么容器来盛,是水杯、是盆,还是池塘、河流,而这决定了痛苦带给我们的感觉。

从前有一位大师,他有一位徒弟每天都愁眉苦脸、喋喋不休地抱怨。一天,他看到徒弟又是一脸苦瓜相,就让他去取一些盐回来。当徒弟很不情愿地把盐取回来后,大师就让徒弟把盐倒进一个水杯里,搅拌使其溶化,然后让徒弟喝一口。徒弟喝了一口立即吐了出来,皱着眉说:"咸死了。"

大师笑着让徒弟带一些盐和自己一起去湖边。来到湖边后,大师让徒弟把盐撒进湖水里,又对徒弟说:"现在你喝点湖水。"徒弟喝了口湖水。大师问:"有什么味道?"徒弟回答:"很清凉。"大师问:"尝到咸味了吗?"徒弟说:"没有。"

于是,大师坐在这个喜欢自怨自艾的徒弟身边,意味深长地说:"其实人生的苦痛和悲伤就如同这些数量有限的盐,而这些痛苦和悲伤的程度取决于我们承受痛苦和悲伤的容积的大小。所以当你感到痛苦和悲伤时,就把你承受的容积放大些,不是一杯水,而是一个湖时候,你就不觉得痛苦和悲伤了。"

的确,很多时候,人们陷入痛苦不能自拔不是因为那个痛苦本身有多大,而是因为我们盛放它的心胸太小了,无意中放大了痛苦。可以说,心胸与痛苦的大小是成反比的,如果一个人能够做到心胸宽广,那么他心里的痛苦就显得

很渺小；如果他的心胸狭窄，那么在他心里就会有许多的想不通、许多的抱怨，痛苦的折磨感就会随之变大。

有位农妇，不小心打破了一个鸡蛋，这本是一件再平常不过的小事。但是，这位农妇是一个心胸非常狭窄的人，她没有仅仅停止于鸡蛋的思考，而是将自己的思路一直延伸了下去：一个鸡蛋经孵化后就可变成一只小鸡，若孵出来的是母鸡，长大后又可以下很多的蛋，蛋又可孵化很多鸡。而鸡又会下蛋，蛋又能孵鸡……最后，农妇大叫一声："天哪！我失去了一个养鸡场。"可以想象，农妇会为失去一个鸡蛋感到多么痛苦。

心胸小了，痛苦的感觉就重了，要想淡化痛苦，就要放大承受痛苦和悲伤的心胸，那么如何成为一个心胸开阔的人呢？

1. 适当放大你的奋斗目标

影响一个人心胸、气度的因素中，奋斗目标的作用最大。一般认为，伟大的领导都是虚怀若谷、宰相肚里能撑船，因为他们具有宏伟的目标，眼前的得失根本没有看在眼里。所以，一个人想具有宽广的胸怀，首先应该树立切合实际的、比较远大的目标。这样才不会为了眼前一点小的利益而斤斤计较。

2. 建立融洽的人际关系

事实证明，一个人与周围的人关系越融洽，则心胸会比较宽广。比如，与朋友沟通，其乐无穷；与家人沟通，亲情融融；与同事沟通，合作愉快；与老板沟通，获得青睐……

3. 学会忘却

在一本名为《学会忽略学会忘记》的书的封面上有这样一句话：忽略，是迷踪式的进取；忘记，是太极般的宽容。事情过去了，就让它成为真正的过去，没必要长期积压在心中用忧虑为其陪葬。

4. 学会放松

如今的社会压力剧增，尤其是生活在都市的人群，如果不懂得缓解压力，就容易被其压垮，失去好心情以及身体的健康，因为诸事不顺，心胸自然也无法宽广起来。所以，要学会放松，高位不如高薪，高薪不如高兴，心情好了，一切都会变得美好起来。

5. 用快乐之水冲淡苦味

人的精力总是有限的,快乐的事情想得多了,不快乐的事情肯定想得少;相反,不快乐的事情想得多了,快乐的事情肯定想得少。正因为这样,有些人虽然也有许多痛苦,但因为他们的专注点和兴奋点,都在寻找快乐上,用快乐之水冲淡了苦味,所以他们的心是快乐的。

 ## 没有命中注定的不幸,只有死不放手的执著

听过无数"不幸"的故事。最常见的模式就是,当事人穿着"受害者"的外衣,充满无助地讲述自己的"不幸"。不久,我们就会被带入当时的环境和语言所营造的"悲伤场",发出"真可怜"的感叹。

也许有些不幸,的确让人为之扼腕叹息,义愤填膺。但是,大多时候,当我们脱离了当事人营造的"悲伤场",马上会发现,那些所谓的"不幸"背后,完全是一种夸张,是他们费尽心机为自己挖下的自怜陷阱。

一个女孩儿失恋了,与之相恋了4年多的男友忽然提出与她分手,她想起他的种种海誓山盟,他说要爱自己一辈子,陪自己一辈子……她想起他对自己说的甜言蜜语:"宝贝,你是我的最爱,我愿意为你付出一切……"可这一切,不过才经历了4年的时间,怎么一夜间就灰飞烟灭了呢?

她每天以泪洗面,她想求他不要离开自己,她给他打电话,不接,发信息,不回,后来他干脆换了号码。她发疯似地四处找他,才发现他已经辞职,搬了家,而他的朋友也都不知他的去向。

她不甘心,不甘心就这样失去他,她无心工作,干脆辞了职,放任自己在漫无边际的痛苦里游荡。终于有一天,她的一个朋友说她曾在一家餐厅里见到他和一个女孩在一起,很亲密的样子。她的泪汹涌而出,好久才恨恨地说:"我

要找到他,我要报复他。"她开始抽烟,喝酒,乱交男友,可是她没有因此而获取快乐,相反却陷入了愈来愈深的痛苦之中。

这个女孩儿因为不懂放手,所以将自己推入了痛苦的深渊。爱无对错,别苦苦纠缠你的得失,他爱你时出自本意,他同样也有投入和付出,离开时也并非他的故意变心,只是无法将心生的厌倦伪装成欣喜。若强迫一个不再爱你的人留在身边,比失去他更为悲哀!

如果你不爱一个人,请放手,好让别人有机会爱他;如果你爱的人放弃了你,请放开自己,好让自己有机会去爱别人。

分开的时候,认真地反问自己:是否还爱他?若已不爱,不要为可怜的自尊而不肯离开;如果还是那样深爱,爱不是占有,爱他就给他幸福,放爱一条生路。

当你爱的他选择转身离去,请你也学着转身,把悲伤留到背后,让时间慢慢地淹没、慢慢地分解悲伤,直到你能开始新的生活。

痛苦源自执著,因为执著与画地为牢只有一步之隔。其实,不仅仅是爱情,很多痛苦,并不是源自不幸本身,而实在是我们自己过于执著了。

一个小男孩儿不小心把手放在茶几上的花樽里。花樽是上窄下阔的一款,所以,他的手伸了进去,但抽不出来。母亲用了很多方法都拉不出他的手来,后来母亲没办法就狠心地把这个很名贵的花樽给砸破了,砸破了才发现原来孩子的手之所以抽不出来,并不是因为瓶口太窄,而是因为他的手里握着一枚硬币不肯松开。

在生活中有很多时候,我们不是也像小男孩一样吗?过于执著于自己想要的东西,结果给自己造成更大的损失。其实有很多时候,只要我们舍得放手,很多问题就可以迎刃而解。

佛说,执著是苦,有时候放手反倒成全了美丽。

来自美洲的格林夫妇带着两个儿子在意大利旅游,不幸遭劫匪袭击。7岁的长子尼古拉死于劫匪的枪下,当医生宣布孩子死亡的半小时内,格林先生决定将儿子的器官捐出。尼古拉的脏器分别移植给了亟须救治的6个意大利人:一个患先天性心脏畸形的14岁孩子,拥有了他的心脏;一个19岁的生命垂危的少女,获得了尼古拉的肝;一对肾分别使两个患先天性肾功能不全的孩子

有了活下去的希望;两个意大利人借助尼古拉的眼角膜得以重见光明。就连尼古拉的胰腺,也被提取出来,用于治疗糖尿病……

格林先生说:"我不恨这个国家,不恨意大利人。我只是希望凶手知道他们做了些什么。"他的嘴角虽然掩饰不住悲伤,但是他的面容是坚定而安详的。

当不幸降临,你抓住它不放,它将把你摧残得支离破碎,心神俱疲。但是,你也可以放手,任它摔落在地,不伤你丝毫。抓住还是放手,全在你的选择。

第十一章
幸福深处：
只做最优秀的自己

 热忱让你立于不败之地

热忱的人具有丰富的想象力,毫无恐惧或疑惑,能够和听者交流。发自内心的热忱会散播,具有极强的吸引力。

纽约法律顾问罗勃特·史威比尔以"热忱的重要性"为题写了一篇论文。他说:"律师接案在法庭上辩护时,如何获取成功?答案永远是一样的:准备。除此之外,还需要热忱。"

什么是热忱?热忱是代表目的或主题的一种强烈的情绪奋起。如果你能够在法庭上说服陪审团,连这种最困难的情形都做得到,那么在其他方面就容易多了。热忱与兴趣缺乏同样具有传染力,其中抉择权,在你手中。

爱默生曾经说过:"缺乏热忱,难以成大事。"

一位受邀前来盐湖城摩门大教堂演讲的学者,原本只预计演讲45分钟,但最后却足足讲了两个多小时。演讲结束时,在场的一万多名听众起立鼓掌达5分钟之久。

到底是什么精彩的演说内容,得到如此热烈的反响?其实,他演讲的内容,还不及他演讲的方式重要。听众是被演讲者的热忱所感动,大多数的人们根本记不清楚他说了些什么。

路易士·维克多·艾丁格被判无期徒刑,在亚利桑那州州立监狱服刑。他没有朋友,没有律师,也没有钱。但是他有满腔的热忱,而且他有效地运用了自己的热忱,最终重获自由。

艾丁格写信给雷明顿打字机公司诉说自己的境况,请求该公司以赊账的方式,卖给他一部打字机。结果,该公司不但向他提供了一部打字机,而且还是免费赠送的。之后,他写信给各公司,请他们提供促销文稿,由他打好之后再寄回给他们。他的工作非常有效率,赞助性的捐款很快就累积到足以支付律师的费用。由于律师的协助,他最终获得特赦。当他走出监狱时,广告代理商的老板见到他说:"艾丁格,你的热忱比监狱的铁窗有力多了。"公司已经安排好了职务在等着他呢。

热忱使你不觉得工作辛苦,甚至会使你把它当做一份出自爱心的工作。你的工作热忱会自动将你的注意力引导到它身上,并且会把它萦绕在你心头的意念中,印在你的潜意识里;同时,你的热忱也可以像无线电波一样传达给别人,和长篇大论和华丽的辞藻相比,你的热忱能更有力地传达你的理念,使别人认同你的观点。

一位非常成功的业务经理说,热忱是优秀的推销员最重要的特质。"握手时要让对方感觉到你真的很高兴和他见面。"他说。

鲍洛奇最初在一家食品店里卖水果。有一次,食品店旁存放水果的冷冻厂突然起火,虽扑救及时,但还是有18箱香蕉被火烤得有点发黄,而且香蕉皮上还沾了许多小黑点。老板把这些香蕉交给鲍洛奇,让他降价出售。鲍洛奇感到十分为难,但老板交的任务又不得不完成,他只好硬着头皮将香蕉摆到了摊上,拼命地吆喝起来。但当人们来到摊前,看到香蕉的模样后,都失望地走开了,任凭鲍洛奇使出了浑身的解数,竭力解释,仍是无济于事,一天下来,鲍洛奇喊破了嗓子,却连一根香蕉也没卖出去。

晚上,鲍洛奇对着香蕉出神。他仔细地检查了一遍香蕉,的确没有变质,虽说皮上有些黑点,但由于烟熏火烧的缘故,吃起来反而别有一番风味。于是,鲍洛奇灵机一动,计上心来。第二天,他又把香蕉摆了出来,依然是大声地吆喝,只是吆喝的内容与前一天大不相同:"快来看呀,最新进口的阿根廷香蕉,正宗的南方水果,全城独此一家,数量有限,快来买呀!"

很快,摊前便围了一大群人。

"请问,您以前见过这样的香蕉吗?"鲍洛奇问一位年轻的小姐,他注意到这位小姐已经在摊前转了半天了,只是还一时下不了决心。

"没见过。不过看上去倒挺有意思的。"小姐回答。

"您尝一根,我敢保证,您从来没有吃过这么好吃的香蕉。"鲍洛奇说着,麻

利地剥了一根香蕉,递到小姐的手里。

"嗯……确实有一种与众不同的味道。给我来10磅吧。"

开了这样一个好头,许多顾客便不再犹豫,纷纷掏钱购买。18箱香蕉很快以高出市价近一倍的价格被抢购一空,还有许多慕名前来购买"阿根廷香蕉"的人们不得不失望而归。

值得注意的是:虚情假意是骗不了人的。过分的热心、刻意地迎合别人,每个人都可以看得出来,也没有人会相信。

杰宁士·蓝道夫的热忱,使他一生在政坛平步青云。蓝道夫自西维吉尼亚沙朗大学毕业之后,以压倒性的胜利,击败经验丰富的资深对手,当选为国会议员。由于他成功地整合了其他的国会议员,罗斯福总统特别重用他,让他负责编写战时的特别立法。

在华盛顿的教授们所做的一项调查中,罗斯福和蓝道夫被选为当时最受欢迎的政治人物。而蓝道夫的热忱与魅力,更使他的积分远远超过总统。担任14年的国会议员之后,蓝道夫决定转任到私人的企业服务。他担任了首都航空公司总裁的助理。当时公司的营运正出现赤字,处于困难境地。在不到两年的时间里,蓝道夫发挥其无可抵挡的魅力,使公司的获利超过了其他的航空公司。

提到蓝道夫热忱的个性,首都航空公司的总裁曾说:"他的贡献远远超过他的薪水。除了他实际执行的工作,更重要的是,他的热忱鼓舞了公司里的其他人。"

热忱并非与生俱来,而是后天的特质。你也可以拥有。有了坚定的信念,再养成积极思考的习惯,你就能激发出自己的活力与热忱,发出真诚的光和热,散播到别的人身上。

 ## 迷人的个性产生于积极的心态

消极心态会消减你的热忱,蒙蔽你的想象力,降低你的合作意愿,使你失去自制能力,容易发怒,缺乏耐性,并且使你丧失理性。

积极心态,是无论在任何情况下都应具备的正确心态。这种心态是由"正面"的性格因素所构成的,诸如"信心"、"正直"、"希望"、"乐观"、"勇气"、"进取心"、"慷慨"、"耐性"、"机智"、"亲切"以及"丰富的知识"等。

积极心态是具有吸引力的个性。积极心态影响你说话时的语气、姿势和面部表情,它会修饰你说的每一句话,并且决定你的情绪感受,它还会对你的思想产生影响。

为了比较起见,让我们来看一下消极心态的影响。

如果一位律师带着消极心态步入法庭,即使他是全世界最优秀的辩护律师,可还是无法说服法官和陪审团。又如,你会对一位容易发怒而又悲观的医生产生信任吗?

相形之下,积极心态则为你开启了一扇光明的门,并允许你展现技巧和雄心壮志。

想一想那些带着信心步入法庭,并且以无比的自信赢得法官和陪审团支持的律师吧!难道你就不想让一位能使你放松心情,以平和的语气回答问题,而且专业知识丰富的医师为你看病吗?

不论干什么事,我们都应该用积极的心态去努力,时间和金钱都不应该浪费,慢慢地储存下去,才能成就大事。但是如果是以消极的心态来做这种努力的话,就不会产生好的结果。如有"反正我是做不到的了"或"反正我再怎么努

力也是无法成功"的想法的话,工作一定不会很顺利,同时还会产生厄运连连的结果。因为这种消极的心态,会在心底播下不良的种子,不良的作用会反复地传达开来。因此,还是要尽量以积极的心态来努力比较好。

假设现在被厄运打垮,也应该抱着"过去已成过去,今后情况一定会变好"的心态。这种将心中由黑暗改变成光明的方法,会慢慢地改变周围的环境或条件。

相反的,不想求改变,心里一直失望地认为"我的环境不好,条件也不好"的话,就难以转变成好的环境或条件。所以,我们应该抱着"环境或条件虽然不好,我也要做做看"的心态而去奋斗。如此,就会在心底播下好的种子,并且由于这样的作用,环境或条件就会慢慢地变好。

当然只靠积极的心态去努力是不够的,还需要一边努力一边有"我要做给你看"、"我很想做"、"我一定要做"的这种思想才行。希望和努力能够为你打开一条通往成功的道路。

努力而无法成功的人也很多。原因之一是这种人没有抱着"我一定要做给你看"、"我一定要成功"的心态去努力。努力,加上信念,并一直持续下去,总有一天你会踏上一条新的道路。本来被你认为那么厚重,大概没办法打破的一道墙,总有一天会在你眼前突然崩塌。

纵使身处苦难中,也能够忘记苦难,这才是开拓新道路应具有的心情。

大部分人在一生中都曾经有过几次失败的经验,但那些都已经成为过去了。未来将有什么伟大的事业等待着我们去开创,是谁都无法预测的。

勇于承受生命之重

生活中我们不能控制所有事情,当那些我们不能掌握的事情发生的时候,我们应该首先做到承认它的存在,然后才有可能面对它,进一步来改变自己的生活。这是一种积极的人生策略。

"要乐于承认事情就是这样的。"美国哲学家、心理学家威廉·詹姆斯说,"能够接受发生的事实,就是能克服随之而来的任何不幸的第一步。"正如杨柳承受风雨,水适于一切容器一样,我们也要承受一切不可逆转的事实。

在短暂的一生中,我们肯定会碰到一些令人不快的事情,但既然事情发生了,就无法改变,它们既是这样,就不可能是其他的样子。这个时候,我们所要做的就是把它当做一种客观存在而去接受并适应它,否则,我们只能让它毁掉我们的生活。

凯瑟没有孩子,她养大了自己的侄子,后来侄子参军了,并走上了战场,她日夜盼望他平安归来。可是就在美国庆祝陆军在北非获胜的那一天,她接到一封电报,她最爱的侄儿在战场上失踪了。她晕了过去,好心的邻居把她送到了医院。醒来之后,她安慰自己说:"他肯定还活着,否则就会发现他的尸首了。"这样,她又有了希望。

但事情远没有结束,不久之后的一天,她接到一封写有侄子已经牺牲的电报。她彻底崩溃了,她悲伤得死去活来。本来以为战争结束后,他们就可以幸福地过平静的日子了,没想到会是这样的结果。她的整个世界都乱了,侄子就是她的全部,现在她觉得再也没有什么活下去的意义了。

从此,凯瑟开始忽视她的工作和她的朋友,人也变得冷漠。她总是沉浸在

以前幸福的生活里,并对现在的事实痛恨不已。她没有办法接受这个事实。悲伤过度的凯瑟决定放弃工作,离开家乡,去一个遥远的地方。

就在她整理东西,准备离开的时候,她看到一封几年前她的母亲去世时,侄儿写给她的信:"当然我们都会想念她的,尤其是你。不过我知道你会撑过去的,以你个人对人生的看法,就能让你撑得过去。我永远也不会忘记你教我的那些美丽的真理:不论活在哪里,不论我们分离得多么遥远,我永远都会记得你教我要微笑,要像一个男子汉,承受一切发生的事情。"

凯瑟忽然觉得自己应该要好好地活下去,她现在这个样子一定是侄儿不愿意看到的。她在心底默默地对侄儿发誓:"你安息吧,我能承受一切发生的事情。"

第二天,凯瑟在侄儿去世后头一次给自己认真地化了妆,她要以全新的心态和面貌面对生活!

人生之路充满了许多未知未卜的因素,当我们面对这些无法更改的现实时,明智的做法就是承认它的存在,并对它作出积极乐观的反应,这才是一种可取的态度。

女人要学会宽容

天空收容每一片云彩,不论其美丑,故天空广阔无比;高山收容每一块岩石,不论其大小,故高山雄伟壮观;大海收容每一朵浪花,不论其清浊,故大海浩瀚无比。

圣人告诫我们:爱那些你原本憎恨的人,善待憎恨你的人;对于诅咒你的人,要送给他祝福;对于凌辱你的人,要为他祷告。报复他人是一件极其愚蠢的事。

许多女人都有"遇事想不开"的心理倾向,当有人劝她们想开些时,她们会说:"宽恕别人是一种美德,宽恕自己无异于自杀!"这种不肯宽恕自己的女人将背着心灵的包袱终生受累。所以,女人要学会宽容,只有懂得宽容的人才能更快乐地生活。给别人带来幸福的同时,给自己也带来快乐。

宽容大度不会伤人和自伤。"将军额上能跑马,宰相肚里能撑船",为人处世要宽容大度。何不长一个"宰相肚"?给别人一个宽松的环境,也给自己一片广阔的空间,让别人好过,也让自己好过。

一个宽容的人是厚道、耐心、开明、谦逊、友善的人,同时也是有深谋远虑和聪明智能的人。如果你真的有一个"宰相肚",相信天下难容之事和难容之人都将百川归海,你将敛聚众多人心。

有一位普通主管,她的职责之一是监督一名清洁工人工作。他做得很不好,其他员工时常嘲笑他,并且常常故意把纸屑或其他的东西丢在走廊上,以显示他工作的差劲儿。这种情形当然很不好,而且影响工作质量。

这位女主管试过各种办法,但是都收不到效果。不过她发现,这位清洁工也偶尔会把某地方弄得很清洁。她就趁他有这种表现的时候在大家面前公开赞扬他。于是,他的工作从此有了改进,不久他可以把整个工作都做得很好。现在他的工作可以说再没有别人好挑剔的地方,其他的人对他也大加赞扬。

宽容是修养,是品德,是内涵,是心态。在宽容面前,争吵和计较大可不必,即使您拥抱着真理,也不妨学一些温柔,因为有朝一日说不定您也会犯一些不可挽回的错误。在宽容面前,赌气和嫉妒都是不好的习惯,不能善待别人的长处和毛病,您将会养成叫别人难以亲近和忍受的坏脾气。在宽容面前,过激最值得商榷,除非您不打算继续交往,否则,还不如学会宽容。高山因为承受着土石树木,所以才变得雄伟;大海正是容纳了百川,所以方显得辽阔。要记住弥勒佛像两边的对联:"大肚能容,容天下难容之事;开口便笑,笑天下可笑之人。"如果对任何不顺心的事情都能一笑了之,生活中不开心的事就会减少。记住:任何事情退一步都是海阔天空。

有一位女性,才华容貌都很出众,可在事业上却一直不顺利。为什么呢?很重要的一个原因就是她太精明了。每次与朋友见面聊天,总是听她抱怨、指

第十一章 幸福深处:只做最优秀的自己

责别人，这些人包括她的合作伙伴、朋友以及下属。她会一针见血地指出每个人的缺点和不足，然后抱怨同这些人相处有多么困难。

朋友劝她，与人相处要尽量地看人长处，用人长处，不要老盯着别人的缺点不放。但她依然如故，自己的生活也依然很不顺心。

有不少优秀的人可能有着与这位女士同样的毛病。他们自视甚高，自律甚严，在他们眼中，周围的人身上全是毛病，他们用自己的标准和好恶去衡量、要求别人。他们不乏精明，但少了一份聪明的糊涂和容人的胸怀。这样的人在需要处理某些果断的事情上面也许还行得通，但大多数情况下不受欢迎。

当你学会了宽容，也就学会了善待自己，从而使自己保持了一颗平常的心。增加点浪漫的情调，培养点超常的品位，开拓自己的眼界，提高一下自己的生活质量。你会发觉，自己心情好了，一切也都好了。

你知道男人最怕女人什么？不够宽容。母亲的唠叨、妻子的管制、女儿的娇纵、女友的误解、女同事的挑剔。所以，男人期待来自女人的宽容。有了这种宽容，男人固然会沾沾自喜，但也容易安身立命，找到自己应有的位置，并且可以享受所谓的成就感。

（1）能够用心听男人夸夸其谈是一种宽容。男人在女人面前吹牛，往往不过是一种缺乏自信的表现。女人如果不能倾听，男人的自信心就难以建立。

（2）能够允许男人沉迷一些没有意义的小事是一种宽容。比如，把打火机拆来拆去，比如夜以继日地打计算机游戏。男人往往通过这些癖好来达到心理缓冲。允许本身可能是更好的一种关切和督促。

（3）能够让男人和朋友们消磨时光是一种宽容。因男人需要不时地回到年少时光，这是少年时逃避母亲过分的爱和关心心理的再现。再说，男人没有朋友，这一生就几乎注定了是一场悲剧。

（4）能够让男人和其他女人正常交往是一种宽容。男人天生喜欢寻找和欣赏异性身上的美，但并不是所有的男人都见一个爱一个。事实上，懂得欣赏的男人，多半会很好地爱妻子。

（5）在男人不图进取时保持适当的沉默是一种宽容。男人的一生中很少能够永远一往无前，大多数男人总会有周期性的情绪波动和行为上的调整。"鞭打快牛"的结果往往适得其反，男人并不总是需要激励。

(6)能够保持充分的生活调节能力是一种宽容。男人被女人生养,反哺不是男人的本能,男人常常用给女人买东西来表示情爱,实际上是他找不到更好的方式,更受不了整天关切女人的生活状态。

(7)能够自得其乐是一种宽容。男人最烦的是哄女人,所以虽然终日打麻将并不是女人的好习惯,却让很多男人松了口气。

男人在如此宽容之下,会张牙舞爪、得志猖狂吗?那也未必。因为男人一般都不会得寸进尺,来自女人的适度宽容往往是他最好的动力。不会领情的男人自然有,但那是少数。正常的男人会好好地珍惜来自女人的宽容,因为女人的宽容对男人来说是一种实实在在、时时刻刻的需求。

总之,对于一个女人来说,没有宽容的思想和精神就难以造就伟大的人格;对于社会来说,宽容是一种文明和进步。在生活中,一个宽容的女人必定会给男人以鼓励,男人也需要女人对自己多一点宽容。同时,女人也应注意,过度的宽容只会让男人觉得这个女人是一个没有品位的人。

吃亏是福心中留

俗话说:"吃亏人常在,财去人安乐。"是说能够吃亏、善于吃亏的人平安无事,而且终究不会吃大亏。"善有善报,恶有恶报"已是千古定律了。人生命的轨迹总有可以预料之处,对于吃亏的人,冥冥之中,社会和人,总会给予相应或更多的补偿;相反,总爱贪便宜的人最终贪不到真正的便宜,而且还会让人在背后戳脊梁骨。古今中外有多少人因贪眼前的小便宜而过早地毁灭了自己啊。因此,在现实社会中,女人必须记住"吃亏是福"这个闪耀着哲理和经验之光的格言。

转过弯就是幸福　幸福女人要懂得的心理学

　　"吃亏是福"是我们的祖训之一，至今被广泛认同与传扬。不少文章把"吃亏"描述成无私的奉献、牺牲精神，豁达心态，成全他人的品德，潇洒的生活态度，恬淡处世的行为等崇高的境界，所以不仅要甘于吃亏，还要勇于吃亏。

　　王立敏为公司勤勤恳恳地干了6年，马上就要升职加薪了，却一不留神吃了大亏：她到山东出差期间，公司分配了需要指导的新人。等她赶回广州，好一点的新人都被别人"认领"了，只剩下一个典型的"歪瓜裂枣"，一个据说只在民办大专里读了两年就跑出来混的小男生。

　　人事经理对她说："立敏，这个人是临时招进来的，你随便指导指导，不出错就好了。"

　　王立敏点了点头，但她心里明白：即使自己把他教成优秀的员工，也并不一定能够让领导满意，要是真的随便，做领导的还会满意你吗？再说，升职指标只有一个，同部门的小李也是虎视眈眈，如果这时候输给了他，说不定就输得一败涂地。

　　可要想赢过小李简直是太难了。人家小李指导的新人是正规大学毕业生，还在多家知名企业里实习过。看来，这个亏王立敏是吃定了。

　　同事们都很同情王立敏。大家都看得出来，她指导的那个小男生真的很不适应公司的节奏，一封催货的英文电子邮件，别人花15分钟可以搞定，他却要用"一指禅"僵硬地在电脑键盘上慢慢敲半个钟头，每天都要加班两个小时以上才能完成当天的任务量。

　　王立敏为此头疼得要命，不但自掏腰包买了一套打字软件送给他，而且每天下班后都要留在办公室里陪他加班。好多次上司从外面谈完生意回到公司开小会，都能看到办公室里灯火通明，王立敏还在指导新来的员工。

　　尽管王立敏如此费心费力，三个月后新员工试用期考察结束，小李指导的那位新员工的表现还是远远超出她指导的新员工。

　　出乎大家意料的是，王立敏指导的新员工在各方面的表现虽然远远不如小李的，但她却赢得了部门里唯一一个升职指标。公司上层都知道这个新员工的能力比较差，也多次目睹王立敏指导新员工的场面，他们觉得，王立敏肯吃亏，有容人之量，更具有领导者的气质。

　　"吃亏是福"本身是一个利益交换等式，吃亏者并不希望利益白白受损，而

是希望用"吃亏"换来"福",至于什么是"福",每个人的见解都不同。所以,用眼前利益的暂时损失去换取长远的利益,这才是真正意义上的"吃亏是福"。否则,就是吃傻亏。正因为如此,还有一句话叫"吃亏在明处才是福"。明明白白地吃亏,让关键人物知道你是主动地吃亏,让他认同你的吃亏,感谢你的吃亏,你才能换取他人的"知恩图报"。

你爱吃亏吗?对于这个问题,我想每个人的回答应该都相同,那就是"NO"。人生几十年,谁不曾吃过亏?但谁都不爱吃亏。不过,糊涂学则认为吃亏是福。

吃亏是福关键在于心,在于不计较小小得失。生活中,懂得吃亏的人才是真正的智者。在生活中由于争端而吃点亏,最好的做法是"大事化小,小事化了"。因为每个人生活中都会有不顺心的时候,你能在这个时候尽量忍让,不惹事端,多考虑对方的感受,多感谢他们平时对自己的帮助和支持,才有助于以后工作的发展。

工作中,有些工作不是分得很清,谁多做?谁少做?如果大家都想占便宜,那肯定有许多事情就没有人去做,这样的结果是你们这个集体的名誉受到影响。正所谓占小便宜吃大亏。如果大家都不怕吃亏,有什么事情都抢着做了,也许这次你吃亏了,也许下次他吃亏了,但是,工作都完成了,集体荣誉有了,大家感情融洽了,工作氛围好了。相比下来,虽然吃点小亏,还是收获了"福"。

朋友相处,也是这样,如果都想着占别人的便宜,也许你会得逞一两次,可是,时间久了,谁还会相信你这个朋友?朋友讲究的就是为对方考虑,虽然,"为朋友两肋插刀"是有些江湖气,但凡事应多想着点朋友。朋友交往不是一次两次,也不是一两天,所以也不能计较是不是吃亏,时间长了,彼此都很了解了,因为偶尔的吃亏,得到一辈子的好友,这难道不是福吗?

对待家人,也是如此,亲人心甘情愿地吃亏,做子女的也不能理所当然地占这个便宜,要体会亲人的一份真情,同时,你也要能为家人吃亏。大家都能让上三分,还会有什么家庭矛盾?这难道不是福吗?

第十一章 幸福深处:只做最优秀的自己 ZHUAN GUO WAN JIU SHI XING FU

转过弯就是幸福

幸福女人要懂得的 **心理**学

 要懂得欣赏自己的生活

生活中有些人羡慕那些明星、名人日日淹没在鲜花和掌声中名利双收,以为世间苦痛都与他们无缘。这是羡慕别人的盲区,也是一些人老是羡慕别人光鲜处的原因。事实上,走进明星、名人的生活,他们同样有着不为人知的辛酸。美国前总统里根曾几度风光,晚年却备受不孝逆子的敲诈、虐待;戴安娜如果没有魂断天涯,几人知道她与查尔斯王子那场"经典爱情"竟是那般糟糕……

所以,不要把你的生命浪费在和别人对比上,应该跟自己的心灵去赛跑。

要懂得欣赏自己的生活,让自己活得随心所欲。你能改变什么让自己感到愉快,那就作一些改变;不过,如果改变了以后会让自己不愉快的话,那么不管有多少人说要做,也不应该盲从去做。还有,即使你已经知道改变以后会很好,但自己却无力改变的话,也不应该勉强去做。原谅自己,欣赏自己所拥有的一切,那些让自己觉得不满意的地方,就尽量忽略过去。毕竟,上帝创造我们有不同的肤色、不同的个性,是为了让我们的生活多姿多彩。所以要接受自己所谓不完美的地方,没有必要勉强自己变得完美。

所以,我们要用"和自己赛跑,不要和别人比较"的生活态度来面对生活。如果我们愿意虚心观摩别人表现杰出的地方,从对方的表现看出成功的端倪,收获最多的,其实还是自己。不要与别人比华丽的服装而忽视了自己真正需要提升的东西。

生活中,那些总是抱怨自己不幸的人,总是用沉重的欲望迷惑自己,总是看到自己还不曾拥有的东西。请静下心来,放下心灵的负担,仔细品味你已拥

有的一切。学会欣赏自己的每一次成功、每一份拥有,你就不难发现,自己竟会有那么多值得别人羡慕的地方,幸福之神已在向你频频招手。

微笑着面对所有人

女性最能打动人的就是微笑。世界名模辛迪·克劳馥曾说过这样一句话:女人出门时若忘了化妆,最好的补救方法便是亮出你的微笑。微笑,本不是女人的专利,但女人从心底里发出微笑时,却可以让灰暗的人生焕发出靓丽的光彩,让平庸的世界创造伟大奇迹……

达·芬奇的名画《蒙娜丽莎》中,那神秘而安详的微笑只属于女人,那永恒的微笑将迷倒几个世纪以来世界所有的人。

香港凤凰卫视的著名主持人吴小莉,有着一张与众不同的会笑的嘴——嘴角略微往上翘。她曾说过这样一句话:"我希望我的生活是不断快乐的积累。"

每天面对所有人开心微笑的女人才是最聪明的女人,每天面对所有人甜美微笑的女人才是最美丽的女人。

微笑,一个简单得不能再简单的表情,却是女人最美丽的一种语言,它所传递的信息是丰富无比的——

微笑传递的关爱,可以驱散心灵的孤寂;

微笑传递的温情,可以融化心灵的坚冰;

微笑传递的友善,可以放松戒备紧张的心情;

微笑传递的宽容,可以拉近心与心之间的距离;

微笑传递的信任,可以让人感受到你的真诚;

微笑如绵绵春雨,滋润干涸的心田;又似徐徐春风,可以抚平或舒展心灵的皱纹。

微笑的女人笑容绽放在脸上,心里充满阳光,虽然她们不能改变世界,但最起码可以使自己的周围温暖如春,暖意融融。微笑是和煦的春风,微笑是快乐的精灵,微笑是看不见的财富。

把微笑送给别人,会体验到一种真正的愉悦,心情好了,幸运也会更多地光顾你。

有这样一个美好的故事:

一家信誉特好的连锁花店,高薪聘请一位售花小姐,招聘广告张贴出去后,前来应聘的人有四五十个。经过仔细的筛选后,老板选出了三位女孩让她们每人经营花店一星期,以便最终挑选一人。这三个女孩长得都很漂亮,很适合卖花,她们一个有丰富售花工作经验,一个是花艺学校的应届毕业生,最后一位只是一位待业女青年。

有过售花经历的女孩一听老板要以实战来考验她们,心中窃喜,毕竟这工作对于她来说是驾轻就熟。每当有顾客进来,她就不停地介绍各类花的花语以及给什么样的人送什么样的花,几乎每一位顾客进花店,她都能说得让人买去一束花或一篮花,一个星期下来,她的成绩非常不错。

轮到花艺女生经营花店时,她充分发挥自己所学的专业知识,从插花的艺术到插花的成本,都精心琢磨。她的专业知识和她的聪明为她一星期的鲜花经营也带来了相当好的业绩。

待业女青年经营起花店,则有点放不开手脚,甚至刚开始还有点手足无措。然而她置身于花丛中的笑脸简直就是一朵花,从内心到外表都表现出一种对生活、对工作的热忱。一些残花她总舍不得扔掉,而是修剪修剪,免费送给路过的小学生,而且每一个买花的顾客,都能得到她一句微笑的甜甜的祝福——"鲜花送人,手有余香"。顾客听了之后,往往都会开心地回应她一笑,然后快乐地离开。尽管女孩努力干了一星期,但她的业绩和前两个女孩比还是有差距的。

出人意料的是,老板最终竟然选择了待业女青年。人们不解——为何老板放弃业绩好的女孩,而偏偏选中业绩差的?

老板自有他的道理,他说:"用鲜花挣再多的钱也只是有限的,用如花的心情、如花的微笑去挣钱才是无限的。花艺可以慢慢学,经验可以慢慢积累,但如花的心情不是学来的,因为这里面包含着一个人的气质、品德和自信……一个真正懂得笑的女人,总能轻松穿过人生的风雨,迎来绚烂的彩虹。"

吴倩是一名大学生,虽然她的名字很好听,但外貌却很丑,校园里的那些帅哥和靓妹们经常嘲笑她,叫她"超级恐龙",更有甚者干脆直呼她"夜叉婆"。

每当同学这样叫她时,她非常气愤和羞愧,但却无可奈何,有时甚至掩面大哭。人常说,大学的生活最美好,可她的生活就像在炼狱一样,她总是试图躲避人们的视线,甚至躲在宿舍里不敢出来。

有一天,当她又因为同学的嘲笑而暗自垂泪的时候,被管理校园花草的王师傅看见了,问明原委后,王师傅告诉她一些能使人变漂亮的秘诀:脸上经常挂上笑容,遇到同学甭管他如何对待你,都要友善地主动亲切地微笑打招呼。

吴倩听从了王师傅的话,全心全意地按这些秘诀的要求去做。没有多久,同学们对她的态度发生了巨大变化,不再嘲笑和讽刺她,她果真成了全校同学中最受欢迎、最有人缘、最易于相处的人。而且由于她的脸始终是微笑着的,就像五月的丁香花一样,虽不美丽,却很宜人。所以同学们都说:"原来她并没有那么丑,还是很美的啊!"

可以想象,脸上总挂着笑容的女人,她们的心灵是多么的美好。而她们的未来,也是可以预见的幸福。

自信的女人时时刻刻给自己加油、鼓劲,每天你都可以使自己成为一个崭新的人,微笑面对每一个人。会微笑的女人必是精神的、活泼的。

从现在开始,从今天开始,面对每一个人充满自信地微笑吧!因为"世界像一面镜子,当你向它微笑之时,它必以笑颜回报"。自信女人的笑容,不止有"回眸一笑百媚生"的魅力,其背后往往还蕴藏了巨大的力量,这种力量不但能以温柔的方式化解人生的各种坚冰,还能引导你直接到达光明的圣地。

微笑着的女人是阳光的、自信的、成熟的、和善的、聪明的、优雅的,更是快乐的、幸运的、幸福的……

第十一章 幸福深处:只做最优秀的自己

 回忆属于过去,用手握住今天

怀旧是一种常见的心理现象,古人用"举头望明月,低头思故乡"、"月是故乡明"等诗句来表达对故乡、故人的思念之情。但是,社会中有一些人却在以另一种方式怀旧,他们认定今不如昔,生活在今天,而志趣却滞留在昨日,一言一行与现实生活格格不入,这种怀旧心理似乎不再仅仅是怀旧而已了。

尤其一些女人很留恋过去的事情,留恋过去的友人、恋人。她们保存着大量的旧照片、旧服装、旧书、旧报纸;给孩子取旧时代的名字;十分热衷搞同乡会、同学联谊会。有的女人,过去曾有过一段恋情,因故未成连理,如今已届中年,可是旧情萌发,于是开始"第二次握手";也有人很留恋过去的经历,过分看重过去所取得的功绩,把所获得的奖状、勋章、奖品保存得完好无损,时常追忆当年那辉煌的经历。相比之下,现在这荣誉的光环正逐渐消失,心里时常有一种失落感。

由于过分的怀旧,一些人在人际交往中只能做到"不忘老朋友",但难以做到"结识新朋友",个人的交际圈也大大缩小。此类过分的怀旧行为阻碍着你去适应新的环境,使你很难与时代同步。回忆是属于过去的岁月的,一个人总该不断进步才是。我们要试着走出对过去的回忆,不管它是悲还是喜,都不能让回忆干扰我们今天的生活。

说穿了,回到从前也只能是一次心灵的谎言,是对现在的一种不负责的敷衍。

所谓"活在现在",就是指活在今天,今天应该好好地生活。这其实并不是一件很难的事,我们都可以轻易做到。

这世上再也没有什么能比今天更真实了。即使能回到从前,也会有太多的遗憾,就像一个早已愈合了的伤口,又被我们重新揭起。那些我们无法改变的事实,那些我们无力填补的空白,都是因为我们当初错过了"今天"的结果。或许,回不到从前,那声啼哭才更具有撼人心魄的力量;或许,回不到从前,那段逝去的童年才会更令人神往;或许,回不到从前,那场没有结局的初恋才能成为你生命之树上永恒的花朵……

不要回避今天的真实与琐碎,走脚下的路,唱心底的歌,把头顶的阳光编织成五彩的云裳,遮挡凌空而至的风霜雨雪。每一个日子都向人们敞开,让花朵与微笑回归你疲惫的心灵,让欢乐成为今天的中心。

如果有荆棘刺破你匆匆的脚步,那也是今天最真实的痛苦。

迎接今天的最佳姿势就是站立,用你的手拂去昨天的狂热与沉寂,用你的手推开明天的迷雾与霞辉,用你的手握住今天的沉重与轻松。把迎风而舞的好心情留在今天,把若隐若现的阴影也留给今天。

淑娟是某校一位普通的学生。她曾一度沉浸在考入重点大学的喜悦中,但好景不长,大一开学才两个月,她已经对自己失去了信心,连续两次与同学闹别扭,功课也不能令她满意,她对自己失望透了。

她自认为是一个坚强的女孩,很少有被吓倒的时候,但她没想到大学开学才两个月就对大学四年的生活失去了信心。她曾经安慰过自己,也试着无数次地让自己抱以希望,但换来的却只是一次又一次的失望。

以前在中学时,几乎所有老师跟她的关系都很好,很喜欢她,她的学习状态也很好,身边也有一群朋友,那时她感觉自己像个明星似的。但是进入大学后,一切都变了,与他人的隔阂是那样的明显,学习成绩也如此糟糕。现在的她很无助,她常常这样想:我并未比别人少付出,并不比别人少努力,为什么别人能做到的,我却不能呢?她觉得明天已经没有希望了,难道12年的拼搏奋斗注定是一场空吗?那样对自己来说太不公平了。

进入一个新的环境,有些人往往会不自觉地与以前相对比,而当困难和挫折发生时,产生"回归心理"更是一种普遍的心理状态。淑娟在新学校中缺少安全感,不管是与人相处方面,还是自尊、自信方面,这使她长期处于一种怀旧、留恋过去的心理状态中,如果不去正视目前的困境,就会更加难以适应新

第十一章　幸福深处:只做最优秀的自己

的生活环境、建立新的自信。

一个人适当怀旧是正常的,也是必要的,但是因为怀旧而否认现在和将来,就会陷入病态。

过多的怀旧和进取人生是背道而驰的。对于一般人来说,怀旧的对象往往就是弱点和缺陷,是容易被人利用的"死穴"。古代的攻心术曾把怀旧对象作为一个很重要的突破点。在EQ研究中,怀旧是用来达到内心平和、宁静、诗意的,是人性化的表现,但如果因为怀旧阻碍了自身的发展,或对外界造成了不必要的麻烦,就必须进行调适。

不要总是表现出对现状很不满意的样子,更不要因此过于沉溺在对过去的追忆中。当你不厌其烦地重复述说往事,述说着过去如何如何时,你可能忽略了今天正在经历的体验。把过多的时间放在追忆上,会或多或少地影响你的正常生活。

我们不能抛弃回忆,可是我们也不能做回忆的奴隶。在心灵的某一个角落里,会珍藏着我们走过的路上种种的喜怒哀乐、酸甜苦辣,但是我们应该把更广阔的心灵空间留给现在,留给此时此刻。